生物學的終極追求

的終極追求

上帝撿到槍，
生命科學密碼

朱欽士 —— 著

ULTIMATE

U0034231

深入探討生命本質的核心問題

從 DNA 的微觀世界到人類智力的極限，
從幹細胞研究到生命的起源，我們將帶你進行一場跨越
時間與空間的驚奇之旅，重新發現我們對生命的理解與欣賞。

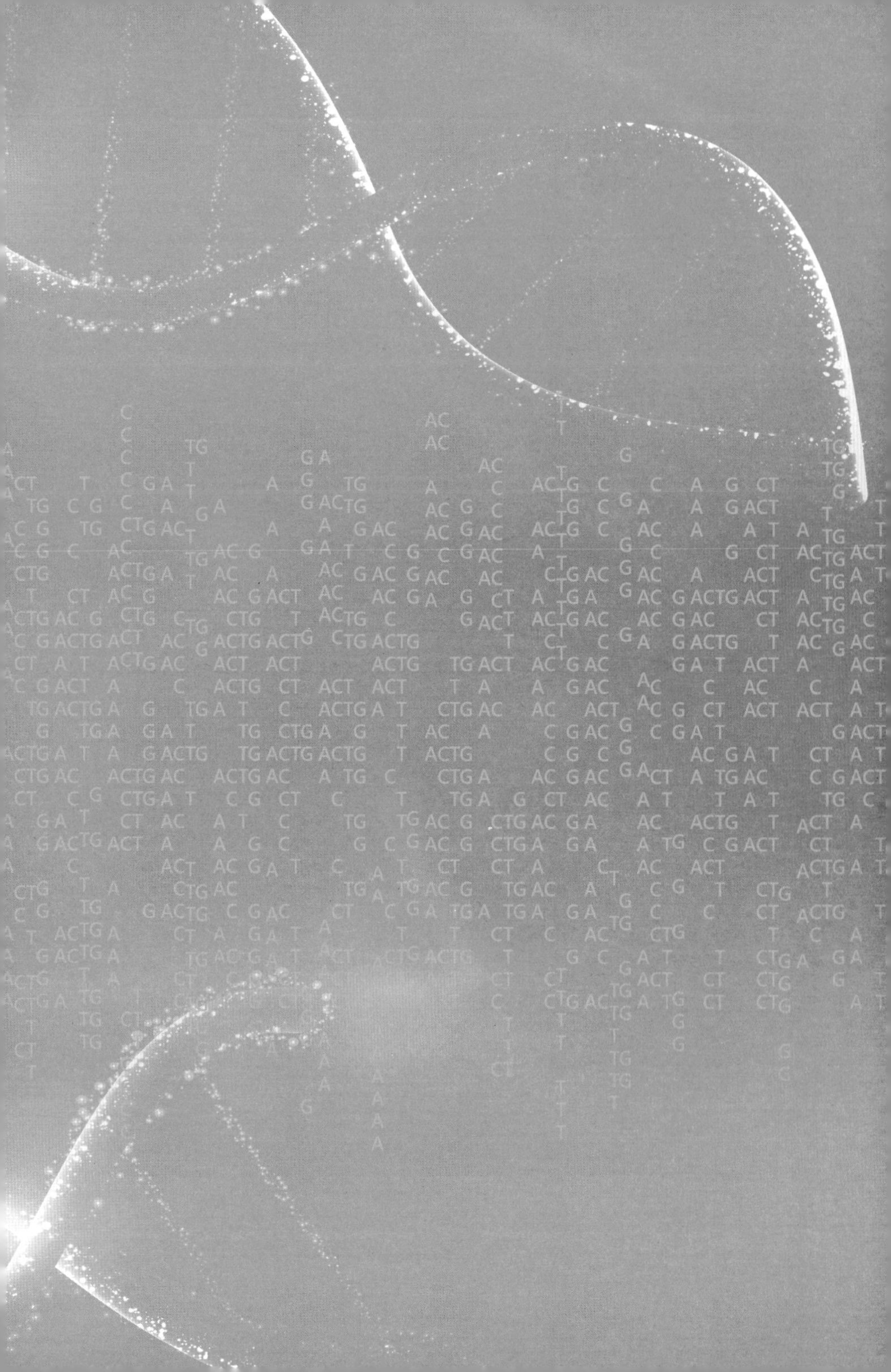

目錄

前言

　　生命是我們這個世界上最美妙的事物。地球上鬱鬱蔥蔥的森林，鮮花盛開的草原，鳴唱婉轉的鳥兒，翩翩起舞的蝴蝶，使我們的星球充滿「生」機。

　　生物也是我們這個宇宙中最複雜的物質存在形式。無生命分子的結構大多很簡單，從沙子裡面的二氧化矽到大氣裡的氮氣，分子中所含的原子數一般不超過十個。而蛋白質分子由幾十到上千個基本「構件」（氨基酸）組成，每個蛋白質分子含有數千到數萬個原子。它們折疊成各種形狀，執行不同的功能。我們的「生命藍圖」（DNA）更是由大約三十億個「字母」（核苷酸）組成，含有約兩千億個原子。億萬計的不同類型的分子以各種方式結合，組成細胞。而我們的身體又由約六百兆個不同類型的細胞組成，在此基礎上產生了協調一致的各種生理功能和精神意識。

　　我們人類也是生物，而且把生物的複雜性和能力發展到極致。我們不僅創造了語言文字，還發展了科學藝術。我們建設了美麗的鄉村、宏偉的城市。我們還發明創造了汽車、飛機、電腦、網際網路。除了物質條件的進步，我們還有豐富美好的精神生活。我們不僅被這個世界創造，還能反過來研究和改造這個世界。

　　生物的複雜和美妙使得許多人思考：生物從哪裡來？生物的基本結構是什麼？生命過程是如何運作的？為什麼地球上有那麼多種類的生命？為什麼人要分男女兩性？為什麼人會衰老？我們能夠透過複製自己達到永生嗎？人還會變得更聰明嗎？有關生物的問題可

以說是無窮無盡。

作為在生物領域耕耘幾十年的工作者，我對各種生命現象深入思考，並且把這些思考的結果寫成科普文章，在《科學網》和《中國科普博覽》中的「知識採蜜」專欄發表，引起了讀者廣泛的興趣，而後我將其中一些內容彙集成書出版，使更多讀者可以一次性獲得這些文章並且更方便地閱讀。

這本書不是生物教科書，所以它的重點不是講述生物學中的那些「經典」知識，例如蛋白質和 DNA 的一級結構和空間結構、遺傳密碼、DNA － mRNA －蛋白質的「中心法則」等。這些內容都可以在生物學的教科書中找到。本書的目的，是從宇宙發展的角度，用新的思路來理解生命，探討各種生命現象的來由和演化機制，從分子生物學上闡述生物的各種功能是「如何運作」和「怎麼來的」等問題。

在本書的寫作過程中，得到了郝杆林女士的全力支持和大力協助。除了提供相關資訊、提出寫作建議和嚴格審稿外，她還承擔了幾乎全部家務，讓我能夠集中精力寫作。所以這本書是我們兩人共同努力的結果，在此也表達對她的感激之情。

朱欽士

1

我們從哪裡來？

1.1 上帝造人有多難？

「我們從哪裡來？」這個問題是人類對自身思考後一定會提出的問題。不管是哪類人種，也不管是在什麼時代，無論提出這個問題時人類的知識水準如何，都一定會想到這個問題，並且會以當時的認知水準回答。我們不能準確地知道人類是從什麼時候開始問這個問題，但是毫無疑問，都是在人類的科學知識相當有限、崇拜神力的年代，而在這些時代背景下給出的答案自然會充滿神話色彩。

在中國的傳說中，人是由女媧造的：北宋《太平御覽》第七十八卷中就說：「俗說天地開闢，未有人民，女媧摶黃土作人。」據說女媧造的只是人的「毛坯」，還有其他神靈來幫助，使這些「毛坯」成為真正的人：「黃帝生陰陽，上駢生耳目，桑林生臂手」（《淮南子·說林訓》），也就是黃帝讓人生出陰陽，上駢讓人生出耳目，桑林幫助人生出臂手。

無獨有偶，希臘人也認為人是神用泥土捏成的，德國作家古斯塔夫·索威茲（Gustav Sorwitz）在他所著的《希臘的神話和傳說》中就說：「天和地被創造出來，大海波浪起伏，拍擊海岸。魚兒在水裡嬉戲，鳥兒在空中歌唱。大地上動物成群，但還沒有一個具有靈魂的、能夠主宰周圍世界的高等生物。這時普羅米修斯（Prometheus）降生了，他是被宙斯放逐的古老神祇後裔，是大地之母該亞與烏拉諾斯所生的伊阿佩托斯的兒子。他聰慧而睿智，知道天神的種子蘊藏在泥土中，於是他捧起泥土，用河水蘸濕調和，按照世界的主宰，即天神的模樣，捏成人形。為了給這泥人以生命，他從動物的靈魂中攝取了善與惡兩種性格，將它們封進人的胸膛裡。智慧女神雅典娜朝具有一半靈魂的泥人吹起神氣，使它獲得靈性。」

在《聖經》的〈創世紀〉中，神在第六日創造了人：「耶和華按照自己的形象，用塵土造出了一個人，往他的鼻孔裡吹了一口氣，有了靈，人就活了，能說話，能行走。上帝給他起了一個名字，叫亞當。」「耶和華說：『那人獨居不好，我要為他造一個配偶幫助他。』耶和華上帝使他沉睡，他就睡了；上帝取下他的一根肋骨，又把肉合起來。不留一點傷痕，也不疼痛。耶和華就用那人身上所取的肋骨造了一個女人。」

對於「我們從哪裡來」的問題，也可以有另一種思考：各種生物，包括人，不是誰創造出來的，而是「自來就有，一直這樣」，也就是沒有起始。佛教就是這樣認為，按照佛教的說法，這個世界沒有起始，也沒有結束，只有因果循環。生命也是如此，「一切世間如眾生、諸法等皆無有始」（《佛光大辭典》），所以根本沒有「我們從哪裡來」的問題。

無論是「神造人」，還是佛教的人「自來如此」，都會不自覺地認為物種不變。人的生命短暫，即使人能夠活到一百歲，也不容易察覺到物種的變化。「種瓜得瓜，種豆得豆」，人老年時吃的蔬菜和年輕時並無不同，老年時從河裡撈出來的魚也和小時候撈的一樣，老年時看見的雞也和小時候看見的雞相同。人一代一代地繁衍，生出來的還

是人。這自然會使人覺得物種不變。只有繁衍，沒有變化，就像《聖經》所說，人被創造出來就是「管理海裡的魚，空中的鳥，地上的牲畜和土地，以及地上所爬行的一切昆蟲」。至於人本身，和人管理的魚、鳥、牲畜、昆蟲，好像從來都不會改變。

但我們只要多觀察、思考一下，就會發現事實並不是如此，看看周圍許多的動植物，就會發現牠們不可能是「自來就有」的。例如人們喜愛的金魚，就有一百五十個品種。顏色有紅、橙、紫、藍、墨、銀白、五花等；頭型有虎頭、獅頭、鵝頭、高頭、帽子頭和蛤蟆頭；眼睛有正常眼、龍眼、朝天眼和水泡眼。多數金魚的尾巴還是雙尾，雙尾中每片尾巴的形狀與結構和鯽魚的單尾基本一致，這說明它是由單尾增加而來。有這些特點的金魚顯然不是「自來就有」存在於自然界，牠們在野外根本不能生存。科學研究表明，金魚起源於中國食用的野生鯽魚。牠首先由黑灰色變為紅黃色，成為「金鯽魚」，然後再經過不同時期的家養，由金鯽魚逐漸變成為各個不同品種的金魚。金魚最初產於中國浙江省，然後傳至世界各地。金魚的例子表明：物種可以變化。

比起人工養殖的動物和植物變異的例子，自然界物種的變化要大得多，這可以從不同時期生物留下的化石看出來，有點像城市的考古發掘。如今的中國就像是一個大工地，人們在開挖地基時，常常會挖掘出古代城市的遺址，越是接近地表的地層，年代越接近，越下面的地層，時代越久遠。比如最上層的是清代的街道遺址，下面是明代的街道遺址，再往下依次是元代、宋代、唐代、隋代、漢代甚至秦代的街道遺址；生物的化石也一樣，越往下的地層，埋藏的生物化石越古老。如果檢查不同地質時期的生物化石，就會發現化石隨著地層的變

化而不同，而越古老的地層，生命形式越簡單。

最古老的生命形式埋藏在約三十八億年前的地層中；單細胞的真核生物（具有細胞核的生物）出現在 16 億～ 21 億年前的地層中；簡單的多細胞生物出現在十億年前；複雜的生命形式在約五億年前出現；而人類的最古老的化石只有約兩百萬年的歷史，說明物種會演化，從簡單變到複雜，從低等到高等，最後產生了哺乳類動物，其中又產生了靈長類動物，最後才演化為人。既然鯽魚可以變為金魚，狼可以變化出各種狗，野生稻可以變成高產水稻，為什麼複雜的生物就不可以從比較簡單的生物演化而來？

1859 年，英國自然史學家查爾斯・達爾文（Charles Robert Darwin，1809—1882，以下簡稱達爾文）根據他在航海期間對大量生物及其變種的觀察，提出了生物演化。在他的《物種起源》（The Origin of Species）一書中，達爾文認為地球上的生物是由少數的共同祖先，經過變異和天擇而來。這個理論闡明了地球上所有生物之間的發展關係，是理解生物多樣性的基礎。達爾文當時主要是根據各種生物的外形和構造推斷，隨後發現生物在細胞結構和分子生物學上極高的一致性，有力地支持了他關於生物演化的假說。

如果複雜生物是由簡單的生物演化而來，那麼複雜生物一定帶有簡單生物的一些特點，也就是生物之間有共同性。科學研究表明，地球上的生物有共同性，而首先被發現的共同性就是細胞構造。

在顯微鏡發明之前，人們並不知道細胞的存在。細胞的直徑從 1 微米到幾十微米，而在 30 公分的距離（人們觀察物體細節的距離，也是閱讀時距離書或螢幕的距離）上，肉眼的解析度是 100 微米左右，自然看不見細胞。在這種情況下，人們也會認識到高等動物（如

牛、羊、狗、貓、兔等）和人的生理構造有相似之處，比如都有四肢，都有頭部，頭部都有兩隻眼睛、兩隻耳朵、兩個鼻孔、一個嘴巴，而且位置安排和人大致相當，也有心、肺、腸、肝、腎等器官；但是人和蝴蝶好像就沒有什麼共同之處，和花草樹木更是完全不同的生物。但到了十七世紀中期，顯微鏡出現，人們才發現原來地球上所有的生物，無論大小、形狀、簡單還是複雜，都是由大小類似的細胞組成，細胞的形狀和功能雖然不同，但基本的結構卻相同。對於真核生物來講，就是都有細胞膜、細胞核、胞器，比如所有的真核細胞都有粒線體，作為細胞的「發電廠」。

人體是由大約六十兆個細胞組成的，這些細胞又分為兩百多種類型，例如神經細胞、皮膚細胞、肌肉細胞、肝細胞等。如果上帝（或神仙）用泥坯造人，就必須在吹氣的那一瞬間，讓泥土變出億萬個結構精細、功能各異的細胞。

不僅如此，泥土的成分主要是矽酸鹽，組成泥土的元素主要是氧、矽、鈣、鋁，而組成人體的元素卻主要是氧、碳、氫和氮，這四種元素就占人體重量的 96%。上帝要從泥土造人，不僅要用泥土變出細胞，還必須能在吹氣的一瞬間，把矽、鈣、鋁變成碳、氫、氮。

生物化學和分子生物學的發展，揭示了地球上生物的高度統一性：地球上所有生物都用磷脂質組成細胞膜；都用去氧核醣核酸（deoxyribonucleic acid，DNA）作為遺傳物質；用同樣四種核苷酸（腺嘌呤、鳥嘌呤、胸腺嘧啶和胞嘧啶）組成 DNA；用同樣的三連碼為蛋白質中的氨基酸序列編碼；遺傳單位都是基因（為蛋白質編碼的 DNA 片段和它的「開關」）；使用同樣的 20 種氨基酸來組成蛋白質，從 DNA 的序列到蛋白質中氨基酸的序列都使用 mRNA (messenger ribonucleic acid) 為仲介；都使用三磷酸腺苷（adenosine triphosphate，ATP）作為能量來源，都用葡萄糖作為主要的能量燃料，都使用三羧酸循環作為化學反應的樞紐等，所有這些共同性都符合了達爾文當年的想法，即地球上所有生物都出自同一「祖先」，都是或近或遠的親戚。

在過去的幾十年中，人類在生命科學上的一個重要進展，就是能研究 DNA 中包含的全部遺傳訊息，這是生物最核心的機密，因為它規範了一個生物體該如何建造。在過去，對於 DNA 和蛋白質的研究雖然也取得了很大的進展，但是這些訊息相對片段；若要更進一步研究不同生物之間的關係，就要全面、系統地比較牠們的遺傳訊息，英文叫 genome，在中文叫基因組。比較不同生物的基因組，看哪些基因保留、哪些基因新出現、哪些基因變化、哪些基因消失，就可以判斷生物之間的關係和演化路線。

隨著 DNA 定序技術的不斷改進，對人類和其他生物基因組的測定速度也越來越快。據美國國家生物技術資訊中心（National Center for Biotechnology Information，NCBI）記載，目前已經完成檢測的真核生物的基因組有 2491 個，包括人、已經滅絕的尼安德塔人、黑猩猩、大猩猩、長臂猿、短臂猿、狒狒、牛、馬、貓、大鼠、小鼠、蜜蜂、果蠅、蚊子、線蟲等動物的基因組，阿拉伯芥、稻米、小麥、野芥菜、葡萄、紅藻、綠藻等植物的基因組，以及酵母等真菌的基因組。初步完成的真核生物基因組有 607 個，正在進行中的有 4427 個，已經被測定的細菌基因組有 11506 個，初步完成的有 5216 個，正在進行的有 12702 個，為系統地比較生物之間的遺傳物質打下基礎。

　　對這些基因組的比較分析表明，從低等生物到高等生物所使用的蛋白質，和為這些蛋白質編碼的「基因」是一脈相承的，生物的發展在基因上有清楚的脈絡。比如肌肉被認為是動物特有的，但是組成肌肉的基本成分，肌凝蛋白（myosin）和肌動蛋白（actin），在單細胞的酵母和變形蟲中就已出現。在單細胞生物中，這些蛋白質就具有產生機械拉力的功能，用於細胞運動、細胞內的物質運輸以及細胞分裂時形成的環，環的收縮把細胞「勒」為兩個，可知動物的肌肉系統，不過是在這些基本的機制上發展出來。

　　本書將以分子生物學的觀點，具體闡述各種有趣的生命現象和發展歷程。

1.2 生命現象的偶然與必然

　　生命是地球上最美好的事物，也是物質存在最複雜的方式。生物能夠生長、繁殖，主動對外界環境變化產生反應，並且有自我保護的機能，而作為地球上生命的最高形式，人類還發展出了思維和豐富的精神生活。

　　生命現象的複雜巧妙使人想知道生命是如何產生的，在現代科學出現之前，幾乎所有民族都認為生命是上帝或者神仙所造，這種想法也很自然：連一個簡單的器具（例如古代人燒製的陶器）都需要有智慧的人來創造，那麼比陶罐複雜億萬倍的生命還能「自然」形成嗎？

　　近代和現代科學給生命的產生提供了另一個解釋：生物體是由與組成無機物同樣的化學元素所構成，構成人體的主要化學元素氫、氧、氮、硫、磷、鉀、鈉、鈣、鎂就可以在自然界的非生命物質中找到（例如水、空氣中的氮氣、硫化氫、磷酸鈣、氯化鈉等）。如果這些元素的原子用更複雜的方式化合，就可以形成生物體所需要的複雜分子，在適當的條件下，這些分子就可以形成最初的生命，在經過億萬年的競爭和演化後，低等生物可以演化為高等生物，最終演化為人類。

　　問題是，這發生的機率有多大？到目前為止，只有在地球才有

發現生命，太陽系中其他行星或者衛星，都沒有觀察到生命跡象，太空無線電波的監測也沒有收到任何智慧生物發來的訊號。生命到底是地球上發生的一次偶然事件，在這個宇宙中究竟是絕無僅有，還是有普遍性？這是人類目前致力於探索的問題。

如果我們把眼光放到整個宇宙史，生命現象的出現真的是要靠幸運才能發生的事件。從宇宙大爆炸到生命出現，需要「過五關斬六將」，而只要一步錯漏，生命就無從產生，從這個意義上講，生命在宇宙中的出現是偶然的。

大質量的恆星是太上老君的煉丹爐，也是我們真正的「祖先」

在大爆炸後，最初形成的化學元素只有氫（約占 3/4）和氦（約占 1/4）。這些物質叫做常規物質，只占我們宇宙組成的約 4%，其餘的約 29% 是暗物質（和常規物質極少相互作用，因而難以用儀器測到的物質，它們的存在是從星系的運動推斷出來），大約 67% 是暗能量（使宇宙加速膨脹的能量）。如果宇宙就停留在這個狀態，生命就無從產生，因為生命需要更重的元素。

幸運的是，在大爆炸後，宇宙中物質的分布不完全均勻，這可以從宇宙中最初的光所留下來的宇宙微波背景得到證實，密度稍大的區域會吸引周圍的物質靠攏，使這些區域的物質密度越來越大，最後誕生出星球。

但是這樣形成的星球也只是密度極大的氣團，如果沒有其他事情發生，常規物質仍是氫和氦，就不會有生命形成。幸運的是，星球內

部極高的溫度和壓力使得氫原子中的電子脫離原子核，並且使得原子核彼此靠近，而當原子核之間的距離近到產生強力（使質子和中子結合的近距離作用力）時，強力開始發揮作用，輕元素的原子核之間可以聚合，形成更重的元素，這就是核融合。核融合能夠到什麼程度，要看星球的質量有多大，原子核越大，正電荷越多，互斥的力量就越大，彼此就越難靠近，需要更高的溫度和壓力。

太陽中的核融合反應只能生成氦，所以太陽只能提供光和熱，在生成新元素上毫無貢獻，可知組成我們身體的化學元素，是過去質量更大的星球所產生。

當星球的質量大於三個太陽的質量時，核融合反應可以繼續進行，每次增加一個α粒子（氦的原子核）。如此，氦（原子量4，後同）可以繼續燃燒，生成鈹（8）和碳（12），這個過程叫做α過程。

當星球的質量大於八個太陽的質量時，α過程還可以繼續進行，碳可以燃燒，生成氧（16）、氖（20）、鎂（24）、矽（28）。

當星球的質量大於十一個太陽質量時，矽還可以再燃燒，生成硫（32）、氬（36）、鈣（40）、鈦（44）、鉻（48）、鐵（52）、鎳（56）。所以大質量的星球就是太上老君的「煉丹爐」，能生產各種化學元素，若沒有這些「煉丹爐」，組成我們身體的化學元素（氫除外）就無法形成，也就沒有我們，故這些大質量、已經死亡的星球才是人類真正的祖先。

所有這些反應都是釋能反應，所以恆星能夠發光、發熱，但是要形成比鎳重的元素，就需要吸收能量（所以重元素的核分裂能夠釋放能量，核電廠就是利用重元素，如鈾和鈽的核分裂釋放能量），這是星球內部環境無法做到的；但超新星爆發時的劇烈條件可以形成各種

重元素，所以地球上的重元素一定來自超新星爆發，我們身體所需要的銅、鋅、硒、碘等比較重的元素就是在這個過程中形成，這些星球也可以算做人類的祖先。

核融合在星球的內核進行（溫度和壓力最高），外層的氫並不參與反應。星球死亡時，噴灑到太空中的物質主要還是氫，再加上那些較重的元素，這些物質又可以聚合成新的星球，太陽就是第二代或者第三代星球。

但是只有各種化學元素仍不足以形成生命，如果各元素的原子互不相干，每個原子中的電子只圍繞自己的原子核轉動，這個世界就只由原子組成，沒有分子，更不會有生命。幸運的是，不同原子的外層電子軌域可以相互重疊，電子可以圍繞兩個原子核轉動，或者從一個原子轉移到另一個原子，使原子可以形成分子，也使生命的出現成為可能。現在的問題就是：不同元素的原子之間，能夠在自然條件下生成構成生命的複雜分子嗎？

生命所需的有機分子可以在太空中形成

科學研究表明，在太空環境中有大量的星際塵埃，它們擁有巨大的表面積，可以吸附水、氫、氨、甲烷等分子，在宇宙射線下，再加上礦物表面的催化作用，就可以形成各種有機物。美國太空船「星塵號」（stardust mission）所收集到的星際塵埃，就含有芳香化合物（由碳原子和氫原子組成的環狀化合物）和脂肪類化合物（由碳原子連成的長鏈，上面再連上氫原子），以及甲基和羰基這樣的含碳官能基團。

1969 年 9 月 28 日降落於澳大利亞默奇森的默奇森隕石（Murchison meteorite），重一百多公斤，隕石中含有十五種氨基酸，包括組成蛋白質的甘氨酸、丙氨酸、麩胺酸；而在從隕石中取樣時，最容易被汙染的絲氨酸和蘇氨酸反而沒有被測出，說明那十五種氨基酸的確來自太空。而且這些氨基酸是消旋（沒有旋光性）的，即兩種鏡面對稱的分子都有，說明它們非來源於生物。除氨基酸以外，默奇森隕石還含有嘌呤和嘧啶，即地球上生物的遺傳物質去氧核醣核酸（DNA）和核醣核酸（RNA）的組成部分。該隕石還含有大量芳香型（環狀）碳氫化合物、直鏈型碳氫化合物、醇類化合物、羧酸（含有羧基的碳氫化合物）。

宇宙中還存在大量的甲醯胺（formamide），它在礦物質存在時加熱，就可以形成組成核酸的 4 種鹼基（腺嘌呤、鳥嘌呤、胞嘧啶、尿嘧啶）。科學家還在距離地球四百光年的原始恆星 IRAS16293-2422 周圍，探測到了羥乙醛（glycolaldehyde），這是一種醣類物質，可以由兩分子的甲醛結合而生成。羥乙醛又可以在兩個纈氨酸組成的二肽催化下變成四碳糖和五碳糖，例如核醣。如此，組成蛋白質和 DNA 的基本材料都可以在太空中生成。

科學家在實驗室中模擬太空中的情形，也得到了類似的結果，例如 1953 年，美國科學家米勒（Stanley Lloyd Miller，1930—2007）在無氧環境中混合甲烷、氨、氫和水。他先將水燒開，再對這個混合物放電，以模擬閃電；一個星期後，水變成了黃綠色。米勒用層析法，檢測到有氨基酸形成，例如甘氨酸、丙氨酸和天門冬胺酸。1972 年，米勒重複了他在 1953 年做的實驗，但是用更靈敏的方法（例如離子交換層析、氣相層析與質譜分析）檢查實驗產物，發現

了三十三種氨基酸，其中十種是生物體所需要的。

1964 年，美國科學家福克斯（Sidney Walter Fox，1912—1998）用了和米勒不同的方法，模擬地球早期的情況。他把甲烷和氨的混合氣體穿過加熱到 1000℃的沙子，以模擬火山熔巖，再把氣體吸收到冷凍的液態氨中，結果生成了能構成蛋白質中的十二種氨基酸，包括甘氨酸、丙氨酸、纈氨酸、亮氨酸、異亮氨酸、麩胺酸、天門冬胺酸、絲氨酸、蘇氨酸、脯氨酸、酪氨酸和苯丙氨酸。

這些事實都說明，生命所需要的有機分子可以在星際間自然形成，這是又一個幸運，其中碳元素成為所有這些複雜分子的骨架。在地球上的 94 種天然元素中，只有碳原子能夠彼此相連，形成長鏈或者環狀化合物，還能夠連接氫原子和各種官能基團，所以地球上的生命才以碳元素為基礎。

有了這些分子，生命活動還需要液態的介質，分子才能夠在其中運動並且相互作用，而水就是生命最好的介質，幸運的是，水在宇宙中廣泛存在。這也沒有什麼奇怪，由於氫是宇宙中最豐富的元素，氧元素形成並且被噴灑到太空以後，自然會形成大量的水（同時氮和氫會生成氨，碳和氫會生成甲烷，這些都是形成生命所需要的分子）。在太陽系中，除了地球外，木衛二（Europa）和土衛六（Titan）上也有大量的水；現在已經變得乾燥的火星，也曾經有過大量的水；即使是沒有空氣的月球，在太陽曬不到的陰影處也有水；彗星也含有大量的水，而這些水是生命產生的重要條件。

宇宙中的宜居帶

當然，液態水不是在什麼地方都能存在，離恆星太遠、行星（或者衛星）上的溫度太低，液態水就不會存在，像天王星和海王星上就不會有液態水存在，科學家也不會到那裡尋找生命；若離恆星太近，表面溫度過高（例如水星的表面溫度可以融化鉛），液態水也不可能存在，那裡也不可能有生命。只有在離恆星不遠不近的區域內，使液態水能夠在行星和衛星的表面存在，生命才有產生的可能，這個有液態水的區域就叫做宜居帶（habitable zone）。宜居帶的位置根據恆星的光照強度而變化，恆星的光照越強，宜居帶離恆星越遠，但是幾乎所有的恆星都有宜居帶，問題是宜居帶內有沒有行星。據估計，銀河系的恆星中，大約有 1/5 的恆星在其宜居帶之內有行星。

在這一節中，我們用了五個「幸運」（物質分布不均導致星球形成、核融合反應使氫和氦生成更重的化學元素、原子可以形成分子、生命所需要的分子可以在太空中自然形成、水的廣泛存在），若少了其中任何一個，生命都不可能產生。從這個意義上講，生命在宇宙中出現是偶然的，因為宇宙本來會用另外一種方式演化。

但生命仍在宇宙中誕生了！而且構成生物體的有機物在太空中廣泛存在，生命需要的水也是。不僅如此，光是銀河系就有一千億～兩千億顆恆星，宇宙的可見部分又含有數千億個星系。在這麼大的基數面前，很難再假設生命現象只是發生於地球上的偶然事件，生命在其他星球上出現幾乎是必然的。

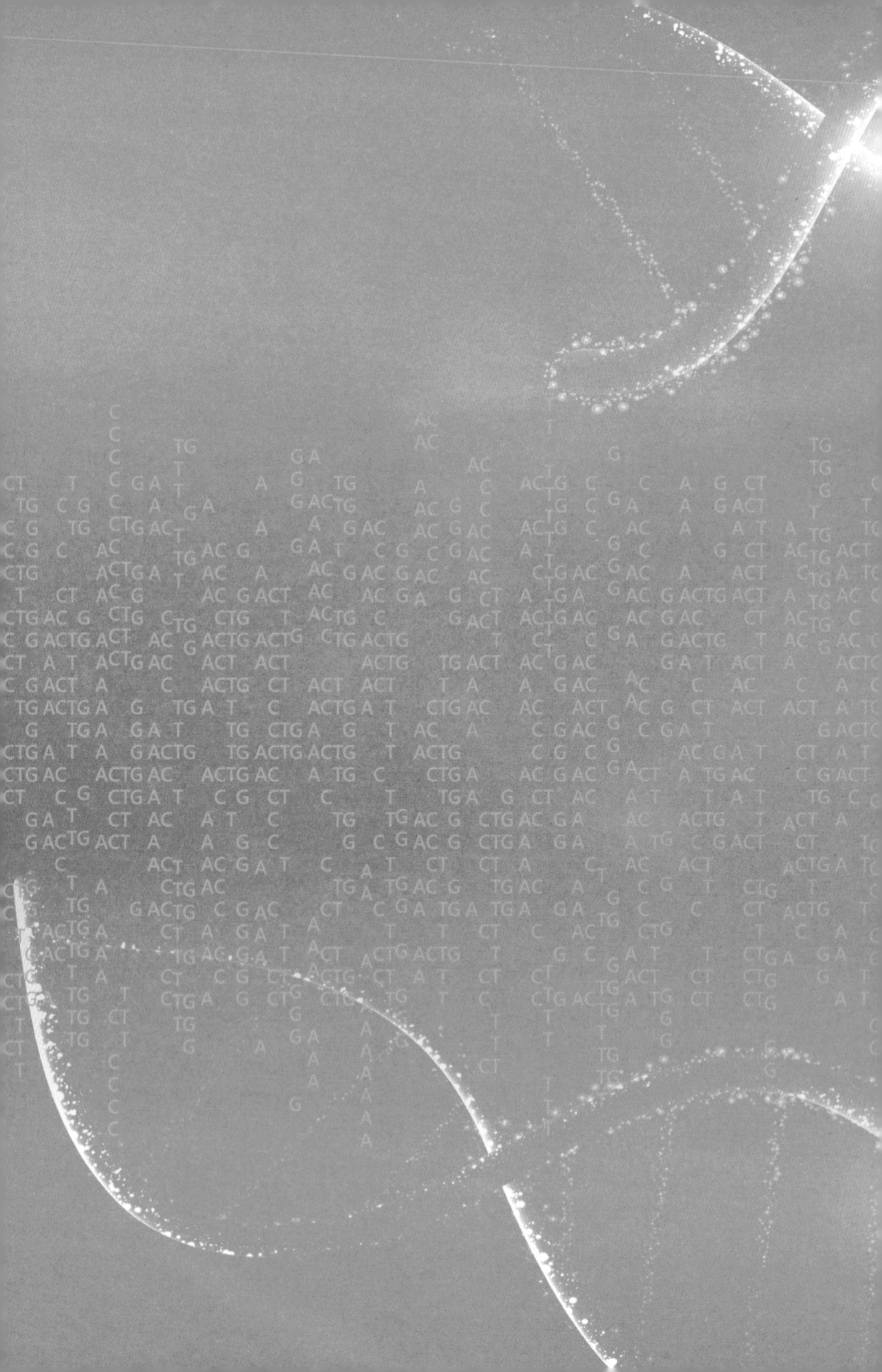

2

組成生命的分子怎樣相互
「識別」和「組裝」自己？

2.1 分子之間怎樣相互識別？

　　細胞裡有成千上萬種分子；神奇的是，在這個分子的汪洋大海中，分子之間卻能夠彼此識別，從成千上萬種分子中準確地找到與自己相關的分子，並與之結合，完成各種化學反應，使生命成為可能。可是細胞裡既沒有交通警察，分子也沒有眼睛，那分子是透過什麼方式「識別」對方的呢？

　　兩個不同分子的完美結合，需要兩個條件：一是接觸面的形狀要非常配合，對方凸出來的地方，自己就要凹進去；對方凹進去的地方，自己就要凸出來，就像碎成兩半的卵石，斷面凸凹不平，卻能夠彼此完美地拼合，而由於不同石頭的斷面不同，就無法和任意一塊石頭的斷面對上，就保證了分子結合的專一性。中國古代調兵用的虎符就是這個原理：虎符外形是一隻老虎，縱向分為兩片，在外的將領手裡有一片，皇帝手裡有另外一片。皇帝要調兵，就派人把這半片虎符帶去。只有兩個半片能完美對上，才說明來人是真的帶著皇帝的旨意而來，因為調兵可不是小事，處理不當甚至會亡國。虎符的原理，說明形狀相配是多麼重要，而我們身體裡的分子早就知道這個原理。

　　不過對於分子之間的作用，光是形狀還不保險。細胞裡的分子種類成千上萬，萬一有結合面相似的分子呢？細胞中的化學反應絕對

不能有差錯，否則就會「胞死人亡」，所以在形狀之上還要加一重保障，就是電荷也要配合。在接觸面的各個區域，對方帶正電的地方，自己在相對的地方就得是負電。對方是負電，我就得是正電；對方沒有電，我也得沒有電。要是電荷不配對，正電荷與正電荷相遇，就會由於同性相斥的原理，把錯誤配對的分子推開。所以在分子生物學上，生命非常聰明，有了這兩重保障（形狀和電性），任憑分子千變萬化，也能準確地找到另一半。

下一個問題是，這種絕配是如何形成的呢？

我們細胞裡的分子，主要是由碳（C）、氫（H）、氧（O）、氮（N）、硫（S）、磷（P）幾種原子組成的。碳原子彼此相連成為骨架，再接上各種官能基團，比如羥基－OH（羥發音「槍」，前面那一橫槓表示和骨架上的碳原子相連），巰基－SH（「巰」發音「球」），氨基－NH$_2$，羧基－COOH（羧發音「梭」，兩個氧原子都直接和碳原子相連，其中一個氧原子還連一個氫原子）等，這些原子透過共享外層的價電子而結合在一起。

不過這個共享價電子的情形要看是什麼原子，碳原子很「平和」，和氫原子共享價電子時，不「以大欺小」，而是「平等相待」。被碳原子和氫原子共享的那一對價電子既不偏向碳原子，也不偏向氫原子，形成不帶電的共價鍵，稱為非極性鍵。

氧原子就不同了，它對價電子很「貪心」，總想多得，所以被氧原子和氫原子共享的價電子總是偏向氧原子一邊。如此，氧原子就帶負電，氫原子就帶正電，氧原子和氫原子之間的共價鍵也就被叫做極性鍵。

在羧基中，不僅直接和氫原子相連的那個氧原子要從氫原子中

搶電子，另一個氧原子也不甘寂寞，透過碳原子間接地和氫原子搶電子。在兩個氧原子的「夾攻」之下，氫原子就快抓不住電子了，有些氫原子乾脆放棄，直接交出價電子，自己成為光溜溜的氫原子核（氫離子）離開分子，在水溶液中遊蕩，這就是我們說的「酸」（溶液中的氫離子濃度，pH 的 H 指的就是氫離子）。醋（有效成分是乙酸 CH_3COOH）是酸的，就是分子裡面的氧原子搶電子太厲害，形成氫離子的結果。除氧原子以外，氮原子也能多占它和氫原子之間的共用電子，使自己帶部分負電，氫原子帶部分正電，但程度不如氧原子那麼強。

但是也不要把氧原子看成豪取強奪的「惡霸」，正是因為它搶電子的特性，分子帶氧的地方就會局部帶電，而分子的局部帶電正是為生命現象所必需。

水分子是由一個氧原子和兩個氫原子組成，可是兩個氫原子也打不過一個氧原子，都得多分一些電子給氧原子，使它帶部分負電，而兩個氫原子帶正電。帶負電的氧原子就會和另一個水分子上帶正電的氫原子互相吸引（這種聯繫叫做氫鍵），使水分子之間聯繫緊密，不容易「飛」出液面（即蒸發），所以水的沸點很高，100℃才沸騰。

汽油是由碳原子和氫原子組成的分子混合物，由於碳原子對氫原子「平等相待」，分子不帶電，彼此吸引力很小，所以汽油極易揮發；而水分子比汽油中的分子小很多，要是它不局部帶電，就會比汽油還容易揮發，在室溫下就不可能有液態水，生命也就難以形成。

蛋白質是由二十種不同的氨基酸線性相連而成，氨基酸的側鏈（不參與氨基酸之間連接的部分）有的不帶電，有的帶正電，有的帶負電。由於水分子局部帶電，那些不帶電的側鏈在水中「不受歡迎」

（親脂），這些被排斥的側鏈只好彼此聚在一起，在這個過程中把蛋白質「卷」成一定的形狀：不帶電的部分在內部，帶電的側鏈被水「歡迎」（親水），位於外部。如此，蛋白質分子既有形狀，又有了外部的電荷分布。根據蛋白質中二十種氨基酸的排列情形不同，每一種蛋白質就有了特有的形狀和表面電荷分布，我們前面所說的雙重保障，就這樣被創造出來了。

細胞裡的其他小分子，也根據它們的分子形狀和帶電情況與蛋白質相互作用。由於蛋白質的形狀和帶電情況個別不同，每一個小分子也只會與它代謝有關的蛋白質分子相互作用，這種對應關係，是在長期演化過程中逐步發展完善起來。

遺傳物質 DNA 的形成，也和蛋白質形成的原理類似。核苷酸上面的鹼基（嘌呤和嘧啶）主要是碳和氫組成平面形狀的環，具有親脂性。它們彼此相疊，位於 DNA 雙股螺旋的內部。磷酸根和核醣親水，彼此連接，位於分子外部。內部鹼基上的羥基和氨基由於氫原子帶部分正電，可以和對面鹼基上的氧原子和氮原子相互吸引，形成鹼基配對。所以 DNA 雙股螺旋分子的形成，其實也是基於親脂、親水的原理。

這種親水和親脂的性質，不僅在蛋白質和核酸分子的構造上發揮作用，在細胞膜的形成上也必不可少。最初的生命要在水中形成，首要條件就是把自身內容物和環境分隔，而這個「牆壁」不能溶於水，否則也無法當牆壁了；但是把汽油加到水裡並不會在水中形成薄膜，所以這個「牆壁」必須裡面是油，外面親水，這個任務就由磷脂質來擔當。磷脂質分子上有兩個脂肪酸，它們長長的碳氫尾巴和汽油分子類似，是親脂的，位於膜的內側；而另一頭的磷酸根極度親水，朝向

膜的外側。由於膜有兩個面，所以膜是雙層的，每一層的脂肪酸尾巴向內，彼此相接，形成油性內層，而磷酸根朝外，與水接觸。

我們的日常生活中，也常用到親脂和親水的原理，比如衣服上沾上油，該怎麼辦？一種辦法是用親脂的液體（即有機溶劑，如四氯乙烯）把油溶解，叫做「乾洗」。其實乾洗也用液體，不過用的不是水，而最常用的還是水洗，利用肥皂或其他洗衣精。它們分子的一端是親脂的長碳氫鏈，相當於汽油，另一端是親水的基團（如肥皂的羧基和洗衣粉的磺酸基），親脂長鏈將油包裹，親水的基團包在外面，就把汙物帶離衣物了。

氧、氮等原子對氫原子上電子的「掠奪」，產生了局部的電性，導致了分子的親水性；而碳原子的「平等待人」又使親脂性產生。就是這兩種性質的相互配合，使得生物大分子得以有特定的形狀和電荷分布，使它們之間能夠互相「認識」。這兩種作用也使細胞膜能夠形成，並且在細胞內形成各種結構，在此基礎上，還能形成多細胞結構，才能組成人體。生命現象看似複雜，卻都是基於許多簡單的基本原理，而了解這些原理，對世界的理解就又進了一步。

2.2 蛋白質的「十九般兵器」

　　《論語》說「工欲善其事，必先利其器」，是說要把一件事做好，必要的工具是不可少的。在現代武器出現之前，人們要狩獵或搏鬥，自然要拳打、腳踢、牙咬，也就是使用人體「自帶」的工具；但是如果有武器相助，威力就大得多。古人早就懂得這個道理，所以發展出各式各樣的武器，《水滸傳》中八十萬禁軍教頭王進教授九紋龍史進，就有「十八般武藝」，也就是使用「十八般兵器」：矛、錘、弓、弩、銃、鞭、鐧、劍、鏈、撾、斧、鉞、戈、戟、牌、棒、槍、扒。

　　而我們身體裡面的蛋白質，負擔的任務遠比古代綠林好漢的搏鬥還多。為了完成所有任務，蛋白質不但也有「十八般兵器」，而且所用還多一種，所以有「十九般兵器」。這些武器名字中最後兩個字（氨酸）相同，為了看起來簡潔，並且和上面的「十八般兵器」對應，我們在這裡把這最後兩個字略去，只寫出它們前面的字，那就是：丙、纈、亮、異亮、苯丙、脯、色、絲、酪、半胱、蛋、天冬醯胺、谷氨醯胺、蘇、天冬、谷、賴、精、組，而這些武器到底是什麼，我們後面再說，這裡先說說蛋白質的重要性和任務。任務清楚了，蛋白質為什麼要這麼多種「武器」也就明朗了。

　　蛋白質不僅是構成皮膚（如膠原蛋白）、毛髮和指甲的原料，更

與所有生命活動相關：肌肉收縮需要蛋白纖維、物質轉運需要各種蛋白質轉運器、識別敵友需要抗原識別蛋白、標記外來的異物需要抗體、血液凝固需要成纖維蛋白、調節血糖需要胰島素、感知外界信號需要各種蛋白受體、把 DNA 纏繞成染色體需要組織蛋白、控制基因的表達需要各種轉錄因子等。

除了以上功能外，蛋白質最複雜、最繁重的任務，還是催化各種化學反應。生命活動是透過幾千種化學反應來實現的，包括利用外來物質建造身體、氧化食物中的分子以獲取能量、生產前面提到的各種生命活動所需的分子，如轉運蛋白、抗體、激素、凝血因子等。化工廠為了實現各種化學反應，常使用高溫、高壓；但是在人體中，一切化學反應卻必須在恆定體溫和常壓下進行，這就給我們出了個難題。

比如在火力發電廠中，煤和石油在高溫下燃燒；但是在常溫下，放在空氣中的煤和石油很穩定。把葡萄糖放在空氣中，哪怕在大熱天（到 37℃），它也不能被氧化。這是因為，分子若要進行化學反應，首先要得到足夠的能量，把其中的化學鍵打開。燃燒時，上千度的高溫能夠提供足夠的能量；但是在室溫下，分子得不到所需能量，化學反應也就難以進行。但在我們的身體中，葡萄糖卻可以很容易地被「燃燒」，變成二氧化碳和水，釋放出身體所需的能量，這是因為在體內，化學反應有蛋白質的幫助。蛋白質能把化學反應分成幾步，每一步需要的能量都比較少，這就使得原來在體溫下不能完成的化學反應也能順利完成。反應完成以後，蛋白質又恢復原來的樣子，本身並不消耗，這個過程就叫做催化。這些催化化學反應的蛋白質，就叫做酶，而我們身體裡面的幾千種化學反應，都是由酶來催化。

所以我們可以說：沒有蛋白質就沒有生命，蛋白質是一切生命

活動的具體執行者。但是在過去的二三十年中，由於若干關鍵技術的突破（比如工具酶的發現與製備、複製技術、聚合酶連鎖反應即PCR，以及大規模測定 DNA 序列的技術等），分子生物學迅猛發展；然而同一時期，對蛋白質進行研究的傳統技術卻沒有多少突破，反而需要借助分子生物學的手段。因此，現在人們對 DNA 和基因談論得很多，對蛋白質的注意力反而有所轉移。

其實，DNA 不過是記載生物密碼的分子，而密碼裡的訊息只和蛋白質有關。DNA 的作用，就是為各種不同的蛋白質編碼，並且和轉錄因子一起，準確控制每種蛋白質出現的時間和地點，其餘的工作都交給蛋白質。DNA 並不記錄脂肪和葡萄糖的分子結構，也不為膽固醇和血紅素的分子編碼，而是蛋白質在合成和利用這些分子。因此，DNA 攜帶蛋白質的訊息，蛋白質使生命得以實現。已經絕滅的猛瑪象和尼安德塔人的 DNA 基本上還存在，但那已經不是生命，只有細胞（比如卵細胞）裡面的蛋白質有可能使他們復活。恩格斯說「生命是蛋白質的存在方式」，演化論者說「生命是傳遞基因的工具」，兩種說法都有其道理；而現在，我們已經完全清楚人類的 DNA 序列，由此進入「後基因時代」，是重新把注意力轉回蛋白質身上的時候了。

蛋白質要執行各種功能，首先就要準確地與各種分子結合，這就需要蛋白質的表面形狀要和與結合的分子的形狀相符，結合處的帶電情況也要相配，要求蛋白質分子有各種特異的形狀和表面電荷分布，而這就得由上面所說的「十九般兵器」來實現。

蛋白質是由二十種氨基酸線性相連而成，每個氨基酸就像它的

名字，分子上都有一個氨基（－ NH_2）和一個帶酸性的羧基（－COOH），都連在同一個碳原子上。一個氨基酸分子上的羧基，可以和另一個氨基酸的氨基相連，形成的化學鍵叫肽鍵，而幾十或幾百個氨基酸相連，就形成了蛋白質。

　　除甘氨酸以外，與此同時與氨基和羧基相連的碳原子上，還連著一個官能基團，它們不參與肽鍵形成，所以叫做側鏈。這樣的側鏈共有十九種，在氨基酸彼此相連形成蛋白質的線性分子後，這些側鏈就「橫著」伸出來，好像一根長繩子上，等距離分出許多短繩子。這些官能基團長短和形狀不同，性質各異，有的帶正電（如離氨酸、精氨酸、組氨酸），有的帶負電（如麩胺酸、天門冬胺酸），有的「親水」（如半胱氨酸、絲氨酸、蛋氨酸、酪氨酸），有的親脂（如丙氨酸、苯丙氨酸、亮氨酸、異亮氨酸）。在水溶液中，不帶電的親脂側鏈「不受歡迎」，就像油與水不混溶一樣，只好彼此聚在一起，「藏」在蛋白質分子的內部；而帶電的親水側鏈由於能與水分子「親密相處」，就位於蛋白質分子的外面，包裹著「油性」的內核。這個過程也就把蛋白質分子的「長繩子」卷成有一定形狀的立體分子，而蛋白質形狀一固定，帶電荷的側鏈的位置也就被固定，形成蛋白質分子上特異的電荷分布，由側鏈的種類和排列順序，就可以形成各種形狀和電荷分布的蛋白質分子，這些特定的分子就可以完成特定的任務。所以說這「十九般兵器」，第一步的任務不是對外，而是首先形成具有特定結構的蛋白質分子，也就是搭建「工作平台」。

　　對於酶來說，形狀和電荷還不夠，還必須有具體對其他分子加工的「工具」，這些「工具」也是由這十九種側鏈擔任。親脂和親水側鏈可以結合於其他分子的親脂和親水部位，就像將患者固定在手術台

上，而具有不同電荷性質的側鏈則可以直接參與化學反應，把它分成幾個容易完成的步驟，像外科醫生的手術工具。古代武士一般只能一次使用一種武器，酶卻可以同時使用多種武器，也就是多個側鏈參與催化活動。不僅如此，這些參與化學反應的「兵器」在蛋白質分子中的排列，還能使它們位於化學反應所需要的空間位置。這些特點使得酶的催化非常有效，而且具有高度專一性（即一種酶只催化一種反應）。在大部分情況下，這「十九般兵器」已綽綽有餘，也就是蛋白質分子自己就能完成催化反應。

不過有些化學反應很難進行，就是有「十九般兵器」也無能為力，這個時候蛋白質就要請非蛋白物質來幫忙，比如：這「十九般兵器」都無法直接與氧相互作用，與氧相關的反應（比如血紅素運輸氧和肝臟中的解毒酶，在毒物分子上加上氧）就要請血紅素分子幫忙。血紅素中心有一個鐵原子，它與蛋白結合之後，就能結合或活化氧原子；一些氧化還原反應也是難以在體溫下進行的，光靠蛋白質不夠，這時蛋白質就會有請鐵和硫的化合物，而這些被蛋白質「請」來幫忙的非蛋白物質就叫做「輔因子」，人體中許多酶都帶有輔因子。

有人也許要問，既然蛋白質有時需要輔因子，那為什麼蛋白質只有十九種「武器」呢？為什麼演化過程不給它多添一些武器呢？這樣蛋白質的不就更強大了嗎？

這和蛋白質的合成過程有關：在合成蛋白質分子的「機器」（核醣體）中，氨基酸是一個一個按 mRNA 上的編碼依次加上去，但細胞裡既沒有交通警察，分子也沒有眼睛，它們不會排隊，而是亂擠亂撞，所以到達反應位置的機會均等，即氨基酸到達正確反應位置的機會只有 1/20。DNA 的組成成分只有四種，有效碰撞的機率就大得

多，所以 DNA 合成的速度也快得多，每秒鐘可以加上超過一千個核苷酸單位；蛋白質合成有二十種氨基酸要添加，速度就慢多了，每秒鐘只能加上十八個氨基酸單位，要是再增加氨基酸的種類，蛋白質的合成速度就更慢了，以致生命都難以維持。經過億萬年的演化，組成蛋白質的氨基酸的數量穩定在二十種，這是平衡後的結果。

　　而且這「十九般兵器」並不是由誰設計，而是生物演化過程中，在千千萬萬種不同的分子結構裡選定了它們，而就在你閱讀這篇文章的時候，這些「兵器」也正在你的細胞裡繁忙地工作，精確地完成身體賦予它們的任務。我們雖然不能用眼睛看見它們，也感覺不到它們的存在，但正是由於它們神通廣大，才使生命成為可能，想到這裡，我們不能不為生命的美妙和神奇而感動。

3

遺傳和演化

3.1 先有雞，還是先有蛋？

　　先有雞，還是先有蛋？這是個困惑人類幾千年的古老問題。古希臘哲學家亞里斯多德（Aristotle，西元前 384—西元前 322）就說過：「不可能有第一顆生出鳥的蛋，因為那樣就必須先有鳥生出這第一顆蛋。」雖然他並沒有具體提到雞，但是由於所有的鳥類（包括雞）都生蛋，而且所有的鳥都由蛋孵化而來，所以談的是同一個邏輯難題。亞里斯多德的說法也代表了許多人對這個問題的想法：是啊，鳥是從鳥蛋孵化出來的，而鳥蛋又是鳥生的；沒有鳥蛋就不可能有鳥，但沒有鳥，鳥蛋也無從產生，我們又怎麼能決定它們的先後呢？

　　按照佛教的說法，這個世界是沒有起始，也沒有結束的。生命也是如此，「一切世間如眾生、諸法等皆無有始」（《佛光大辭典》）。佛教認為任何事物都有前因，也有後果，而這種因果關係構成了一個無始無終的輪迴。所以鳥和蛋的關係也是這樣一種因果關係，並且一直存在，無始無終，也就沒有誰先誰後的問題。

　　與佛教的說法不同，基督教認為世間萬物都是上帝所造，所以「有始」。《聖經》中的〈創世紀〉就寫道：「神說，水中要有生命，要有雀鳥飛在地面之上、天空之中。神就造出大魚和水中各樣有生命的動物，各從其類；又造出各樣飛鳥，各從其類，神看著是好的。」

在這裡，神「造出各種飛鳥」，並沒有說神先造出鳥蛋，再孵化成鳥，而如果我們接受這個說法，那這個世界上就先有鳥，後有鳥蛋。

科學研究的結果告訴我們，鳥類不是一開始就有。地球上的生命出現於約三十五億年以前，而目前發現的最古老的鳥類化石（出土於中國遼寧西部建昌縣的「徐氏曙光鳥」）只有約一億六千萬年的歷史。在那之前，恐龍已經在地球上生活七千多萬年了。多數科學家認為，鳥類是從恐龍，而且最可能是從「獸足亞目恐龍」（Theropod）演化而來。科學家把「徐氏曙光鳥」骨骼構造中的近千個特徵，分別與恐龍和鳥類的骨骼特徵相較，認為牠是迄今為止發現、恐龍演化為鳥類過程中最早的環節，在演化階段上比在德國南部發現的「始祖鳥」早約一千萬年，是鳥類從恐龍演化而來最有力的證據。

和鳥類一樣，恐龍也是卵生，而且恐龍蛋和鳥蛋（如雞蛋）都屬於羊膜卵（amniotic egg）。這種卵的外部有堅固耐水的鈣質硬殼，上有氣孔，供胚胎呼吸；外殼裡面有一個蛋黃，為胚胎供應營養；胚胎浸泡在由羊膜包裹而成的羊膜囊的羊水中；此外還有尿囊，用來儲存代謝廢物。羊膜卵的這些構造特點，使胚胎可以在陸地乾燥的情況下生存，從而使脊椎動物的生殖過程擺脫對水的依賴。魚類和兩棲類動物（如青蛙）這些比較低等脊椎動物的卵就不是羊膜卵，所以只能產卵在水裡，青蛙還必須經過蝌蚪的階段，最後才能上陸。

恐龍蛋和鳥蛋在構造上的一致性，說明類似雞蛋那樣的羊膜卵，遠在鳥類出現之前恐龍就已採用了。也就是說，脊椎動物從海洋進軍到陸地時所需要的卵結構的改變，在爬行動物（包括恐龍）階段就已經完成了，鳥類只是繼續使用而已。從恐龍蛋變為鳥蛋，並沒有結構上的障礙需要跨越，所以現在鳥和鳥蛋的問題就變為：是恐龍先變成

鳥，再產出鳥蛋，還是恐龍先產下鳥蛋，再孵化出鳥？ 要回答這個問題，就需要了解生物繁殖的過程和物種演化的機制。

大家都知道：生物的性狀是由遺傳物質，即去氧核醣核酸（DNA）所決定，「種瓜得瓜，種豆得豆」，就是因為瓜和豆的 DNA 不同。現代的動物複製技術，可以僅從一滴鼠血（血中白血球的 DNA）誕生出複製鼠，說明 DNA 是決定生物性狀的關鍵物質。從恐龍到鳥的變化，也一定是由於 DNA 序列的改變，問題就是這個改變在什麼階段發生、在什麼細胞裡發生，以及這些改變對下一代的影響。

每個生物體，特別是像脊椎動物（包括魚類、兩棲類、爬蟲類、鳥類和哺乳類動物）這樣極度複雜，而且壽命較長（多以年計）生物的一生中，身體由於受到內部因素（如活性氧）和外部因素（如宇宙射線）持續不斷的攻擊，以及細胞分裂時 DNA 複製錯誤等原因，總會有一些細胞裡的 DNA 序列會突變。所以隨著年齡增長，身體一些細胞的 DNA 就不再和受精卵階段的 DNA 相同。

和其他脊椎動物一樣，恐龍身體裡面也有兩類細胞。一類是構成身體的體細胞，比如組成心臟、肝臟、大腦、皮膚的細胞都是體細胞，它們占身體細胞的絕大部分，具體執行各種生命活動；另一類是生殖細胞，它們的任務是繁殖下一代，和身體其他部分的生理功能無關。這兩類細胞裡面的 DNA 都會突變，但體細胞裡的突變和生殖細胞裡的突變，結果完全不同。

體細胞中 DNA 突變是零星和隨機的，不同體細胞裡面 DNA 突變的情形彼此不同，所以沒有全身一致、統一的 DNA 序列改變，也不會有某個基因在全身所有細胞都突變。一個體細胞裡的 DNA 突變，不能使相鄰體細胞裡的 DNA 發生相同突變，即某個體細胞

DNA 的突變不能「擴散」到其他體細胞，因而「彼此隔絕」；而物種的改變需要相關組織中所有細胞的 DNA 都發生同樣變化，體細胞的零星突變不可能辦到。總體平均起來，生物體一生中細胞裡的 DNA 還是和受精卵的 DNA 極度一致，也就是不變。從成年動物身上取下的細胞可以複製出這個動物（即從這個細胞發育出的動物和當初從受精卵發育而來的動物相同）就可以證明這一點。所以某隻恐龍從蛋孵化出來後，終身只能是恐龍，不會因為這隻恐龍的體細胞 DNA 零星和隨機的突變就變成一隻鳥。

和體細胞不同，生殖細胞 DNA 的改變，會透過受精卵的分裂，出現在子代的每一個細胞中，包括所有體細胞，從而穩定影響子代身體的性狀。這種在子代身上出現的全身、統一的 DNA 改變，正是形成新個體和新物種的先決條件。

但是生殖細胞 DNA 突變的效果，只能在後代中表現出來，而對這隻生殖細胞突變的動物沒有影響，因為這隻動物的體細胞中並沒有發生生殖細胞中的突變（體細胞和生殖細胞有同樣突變的機率極小，而所有體細胞和生殖細胞同樣突變的機率為零）。如果生殖細胞的某個突變，使牠的下一代成為鳥，那麼產生這個生殖細胞的恐龍就還不是鳥。也就是說，由於生殖細胞的突變，不是鳥的動物也可以生出鳥蛋。而受精卵和由它發育成的生物體其實是一回事（DNA 完全相同），只是發育階段不同，所以第一隻鳥必然來自第一顆鳥蛋。

下面我們用具體的例子來說明這個問題。

比如從恐龍變為鳥，需要將覆蓋恐龍身體的鱗片變成鳥的羽毛。恐龍的鱗片和鳥類的羽毛都是由 β- 角蛋白（β-keratin）組成，但是鱗片和羽毛裡的 β- 角蛋白在氨基酸序列和蛋白質結構上都有一些差

異，所以從鱗片 β- 角蛋白到羽毛 β- 角蛋白的轉變需要 DNA 序列的變化。如果恐龍生殖細胞中一個為鱗片 β- 角蛋白編碼的基因發生突變，變為羽毛 β- 角蛋白的基因，下一代恐龍所有細胞就會都有這個羽毛 β- 角蛋白的基因，就會長出羽毛（當然這是一個大大簡化的模式）；而產生這個生殖細胞的恐龍因為體細胞內沒有羽毛 β- 角蛋白的基因，所以長不出羽毛。

如果我們把有羽毛的恐龍定義為鳥，上一代恐龍因為沒有羽毛，所以還不是鳥。但是它產生的帶有羽毛 β- 角蛋白基因的生殖細胞，卻可以使下一代長出羽毛，所以下一代變成了鳥；又由這個生殖細胞形成的受精卵是包含在蛋裡，所以這個蛋是鳥蛋。

恐龍和鳥的另一個重大區別，是恐龍有牙齒而鳥沒有牙齒。牙齒的重要成分之一就是琺瑯質，即包裹在牙齒外面那層堅硬的物質，琺瑯質的形成需要釉蛋白（enamelin），如果釉蛋白的基因發生突變而喪失功能，就會影響牙齒的形成。研究發現，爬行動物都有正常的琺瑯質基因，但是鳥類的這些基因卻喪失功能，變成「偽基因」，這是鳥類沒有牙齒的原因之一。

生殖細胞中某個釉蛋白基因的突變，自然可以使這個基因喪失功能，但下一代卻仍然有可能長出牙齒。因為受精卵是由一個精子和一個卵子結合，發育出的動物具有雙套染色體，即有兩份遺傳物質，每個基因也是雙份。如果只有卵子中的釉蛋白基因喪失這個功能，而精子裡的釉蛋白基因的功能還存在，受精卵和由它發育出的動物就還會有一個正常的釉蛋白基因，所以還能長出牙齒；只有精子和卵子都帶有喪失功能的釉蛋白基因，受精卵發育出來的動物才沒有牙齒。

在這裡我們也可以假設：釉蛋白基因是決定是否長牙齒的唯一因

素，並且把牙齒消失作為恐龍變為鳥的標誌。在兩隻琺瑯質基因都喪失功能的動物出現之前，一定只存在著一隻釉蛋白基因喪失功能的雄恐龍和雌恐龍，因為牠們都還有一個正常的釉蛋白基因，都還有牙齒，所以都還是恐龍。而在牠們形成單套（只有一份遺傳物質）的生殖細胞時，喪失功能的釉蛋白基因、正常釉蛋白基因進入生殖細胞的機會均等，如果精子和卵子都正好含有喪失功能的釉蛋白基因，形成的受精卵中就沒有正常的釉蛋白基因，受精卵發育出來的動物就長不出牙齒，所以變成了鳥，也是恐龍產下了鳥蛋。

　　先有雞，還是先有雞蛋（或者先有鳥，還是先有鳥蛋）的問題之所以使人困惑，是因為把雞（或者鳥）看為一成不變的動物，鳥和蛋週而復始的循環，使人找不到這個問題的答案；但如果從演化的觀點來看鳥類的起源，並且了解生殖細胞 DNA 變異影響後代動物性狀的機制，這個問題是有答案的，那就是：先有鳥蛋，後有鳥。

3.2 生殖細胞也喝「孟婆湯」嗎？
—介紹一些「外遺傳學」

　　按照佛教的輪迴說，生命是不滅的，這一世的結束不過是下一世的開始；但下一世的人無法擁有上一世的記憶，在投胎轉世之前，人人都必須走過「奈何橋」，在那裡喝了「孟婆湯」後，這一世的記憶就全部消失了，下一世才能從零開始。

　　雖然現在相信投胎說的人已經不多，但是這個故事裡面的基本思想還是正確的，即人精神活動的產物，包括知識、經驗，對其他的人和事情的態度、感情，都不能傳給下一代。數學家的孩子不會生下來就懂數學；鋼琴家的孩子也不會生下來就會彈琴。你認識和愛戴的人，你的孩子不一定認識和愛戴；你的理念和對事物的好惡，下一代也不一定繼承。

　　除了精神活動的產物，我們這一代的生活對身體的許多影響，也不會傳給下一代。因外傷失去一隻眼睛的人，後代不會生下來就少一隻眼睛；某處皮膚燒傷的人，孩子那個部位的皮膚也不會有痕跡。

　　由此看來，我們在透過生殖細胞（精子和卵子）繁殖下一代時，這一生的記憶，不管是精神的還是身體的，都要被消除，這相當於生殖細胞喝了「孟婆湯」，那麼身體裡面的「孟婆湯」在哪裡呢？

　　對於精神活動來說，「孟婆湯」就是細胞隔離。人的知識、經驗、思想和技能都是後天形成，是「這一世」的精神積累。它們被存儲在大腦神經細胞之間的聯繫和迴路中，而大腦離生殖器官很遠（從細胞的角度來看），儲存在大腦中的訊息無法被傳輸到生殖細胞裡。而且儲存在神經細胞聯繫和迴路中的訊息，也不能透過「格式轉換」而被「輸入」到生殖細胞裡面 DNA 的序列（四種核苷酸的排列順序）中，自然也就傳不到下一代。

　　精神活動的產物無法遺傳的事實，我們在上面已經解釋了，那這一代身體的許多訊息為什麼也不能傳給下一代呢？

　　按照傳統的遺傳學理論，生殖細胞只能把儲存於 DNA 序列中的訊息傳下去，而 DNA 是很穩定的分子，細胞裡也有一整套修復受損的 DNA 的機制。在高等生物中，DNA 被複製時的精確度也很高。由於這些原因，DNA 序列的變化，特別是那些影響基因的序列變化，發生的速度很慢，不是在一兩代中就可以完成。這一代失去一隻眼或一條腿，傷害的只是這一代的身體，並不能改變生殖細胞中 DNA 的序列，所以下一代得到的，仍然是建造完整身體的藍圖，又據此發育出新一代的肌體。所以生殖細胞中 DNA 的序列在很大程度上也是「與世隔絕」，不受上一代身體和精神活動的影響，它們在生成過程中，其效果就相當於喝了「孟婆湯」。

　　不過這只是隔離（大腦與生殖系統的隔離，以及生殖細胞內 DNA 的序列與生命活動的隔離）所造成的後果，還不是生殖細胞主動地「消除印記」，所以還不是真正的「孟婆湯」。除了隔離以外，生殖細胞裡面還有真正的「孟婆湯」，可以把這一生的印記消除，這個我們稍後再說。

看到這裡，也許有些人就已經感到慶幸了：這一輩子不管如何花天酒地（不健康的生活習慣，包括抽菸、喝酒、暴食、熬夜等），最多是自己身體受到影響，而不容易影響孩子；然而，許多新的研究結果卻表明，父母的生活經歷是可以經由 DNA 序列以外的方式傳給後代。

2001 年，瑞典科學家拜格林（Lars Olov Bygren）發表了他對瑞典北部一個地廣人稀、叫做北博滕省（Norrbotton）地方人的壽命，進行研究所得結果。北博滕省位於北極圈內，糧食收成極不穩定，如果年景歉收，人們就會挨餓；但如果獲得大豐收，他們又會大吃大喝。

拜格林的研究表明，如果爺爺輩在九～十二歲時有大吃大喝的經歷，孫子的壽命就比較短，得糖尿病的機率會增加，而在青春期前挨餓的男性，其孫子就較少得心血管病；同樣，在青春期前曾大吃大喝的祖母，孫女的壽命也會明顯縮短。這說明爺爺奶奶輩的生活狀態對身體的影響可以遺傳給孫子、孫女，而且爺爺奶奶輩在進入青春期之前的那段時間，對於這種能遺傳的印記最為重要。

隨後，拜格林又和倫敦大學的著名遺傳學家裴瑞（Marcus Pembrey）合作研究，他們發現：如果父親在十一歲之前（即進入青春期之前）就開始吸菸，那他們的兒子在九歲時就會超重。這些事實說明，在父親產生精子之前，他的生活經歷就會在他的遺傳物質上打下印記，這些印記可以經由生殖過程傳給兒子，甚至孫子。

科學家在動物身上也發現了類似的現象。比如讓果蠅接觸一種叫做膠達納黴素（geldanamycin）的藥物，牠們的眼睛上就會長出贅疣，即使牠們的後代不再接觸蓋達納黴素，這些後代還會繼續在眼睛

上長贅疣，這種現象甚至可以傳到第十三代；而如果餵線蟲（一種只有一毫米長的低等動物）某種細菌，線蟲就會變得又小又圓，這種現象可以持續四十代，即使牠們的後代不再接觸到這種細菌。

用小鼠做的實驗表明，即使像記憶能力（注意，不是記憶的訊息）這樣與精神活動有關的特性，也可以透過上一代的生活經歷傳給下一代，比如給有遺傳性記憶缺陷的小鼠玩具，讓牠們練習，用各種方法引起牠們注意，牠們的後代在記憶能力上就會有明顯的改進，即使後代從未練習。

所有這些證據都表明：即使我們傳給後代的 DNA 序列沒有改變，這一代生活所造成的身體的變化，也會透過某種途徑傳給下一代，而這是達爾文的演化學說無法解釋的，因為一兩代人的時間對演化來說太短了，這些影響不可能透過 DNA 序列的變動來實現，那上面的事實又該如何解釋呢？

原來，人類（以及其他真核生物，即組成身體的細胞具有細胞核的生物）的 DNA 分子並不是「裸露」的，而是和一些蛋白質結合在一起。帶負電的 DNA 分子「纏繞」在帶正電的蛋白質（比如組織蛋白）分子上，使原來細長的 DNA 分子卷成緊密的結構。這有點像一本書，它記載、建造我們身體的遺傳密碼，而如果把 DNA 裡面的訊息比喻為書裡的字句，那蛋白質就是書頁。字句印在書頁上，而且書頁緊密地排列起來，成為一本書，所以當你拿起一本書時，看不見裡面的訊息，除非把書頁打開。

我們身體是由兩百多種類型的細胞組成，雖然細胞種類各式各樣，但是裡面所包含的遺傳訊息（DNA 序列）完全一樣。細胞之所以會彼此不同（比如神經細胞和肌肉細胞），是因為它們打開的「書

頁」不同。對方打開這一些書頁，讀取這些書頁裡的訊息；我打開另外一些書頁，讀取另一些訊息。這樣對遺傳訊息的選擇性使用，就形成了各式各樣的細胞。那細胞如何有選擇性地打開一些「書頁」，又選擇性地不打開另一些「書頁」呢？這就和「書頁」自己的性質有關。

在細胞裡，打開「書頁」的一個重要開關，就是組織蛋白的乙醯化。從化學上講，就是在組織蛋白上面的一些帶正電的基團（氨基－NH_2）上戴一頂帽子，用乙醯基把氨基上面的正電荷遮住。組織蛋白的正電荷一減少，透過帶負電的分子（包括 DNA）繞成緊密結構的力量就弱了，這一部分的 DNA 就會鬆開，相當於「書頁」被打開，裡面的訊息就可以被讀取。

除了組織蛋白，DNA 裡面的每個基因也帶有自己的「開關」，也就是「書頁」被打開，這些「開關」也決定基因裡面的訊息是否能被讀取。這些開關本身也是 DNA 序列，叫做啟動子（promoter），它們和一些叫做轉錄因子的蛋白質相互作用，共同決定基因是「開」還是「關」。如果給「開關」裡面的胞嘧啶（用字母 C 表示）上戴帽子，轉錄因子就「不認識」這個「開關」了，也就是不能和「開關」裡面的 DNA 序列結合。這個 DNA 上面的「帽子」，就是由一個碳原子和三個氫原子組成的，叫做甲基（$- CH_3$），給 DNA 戴上甲基「帽子」的活動就叫 DNA 的甲基化。這相當於給 DNA 戴上「隱形帽」，使基因裡面的訊息無法被讀取。

所以 DNA 裡面的訊息能不能被讀取，除了打開基因的開關（啟動子）和直接讀取訊息的 RNA 聚合酶（把 DNA 裡面的訊息轉錄到mRNA 上）有關外，還和 DNA 的甲基化狀況與組織蛋白的乙醯化狀況有關，這些修飾並不改變 DNA 分子中核苷酸順序，卻能影響基

因中訊息的讀取。

　　而人一生的生活經驗，無論是精神的還是身體的，都能改變組織蛋白乙醯化和 DNA 甲基化的情形，從而影響我們的精神生活和身體狀況。這些不透過 DNA 序列改變而影響身體性狀，有時並且能傳給後代的變化就叫做外遺傳修飾，即發生在 DNA 序列外的變化。在英文中，外遺傳學叫做 epigenetics，其中，genetics 是遺傳學，而前綴「epi-」則表示「在……之上」，「在……之外」的意思；而在中國，epigenetics 也被譯成為表觀遺傳學。

　　這些外遺傳修飾對身體的影響很大。比如同卵雙胞胎的 DNA 序列完全一樣，按說他們得病的類型和機率也應該是一樣的；但是醫生卻發現，同卵雙胞胎中有時一個人會得病（如白血病和紅斑狼瘡），另一個人卻沒有。隨後的研究表明，是他們的 DNA 甲基化的情形不同。DNA 甲基化的異常也和其他類型癌症的發生有關，比如一個負責 DNA 修復的基因叫做 MLH1，它的異常甲基化就和結腸癌的發生有關，而具有同樣遺傳物質的小鼠，毛色常常不同，研究發現這是因為一個叫 agouti 的基因甲基化程度不同。

　　外遺傳因素也影響植物的性狀，比如一種叫做「柳穿魚」的植物（Linaria vulgaris），花有兩種形式，一種是兩側對稱，另一種卻是中心對稱。這兩種花細胞裡面的 DNA 序列完全相同，不同的是一個叫 Lcyc 的基因的甲基化情形。

　　所以外遺傳因素的作用，就是影響 DNA 裡面的訊息如何被讀取。這和 DNA 中儲存的訊息同樣重要。這就像讀一本建造身體的「使用說明書」，裡面的內容都是一樣的。但是外遺傳修飾能決定你是不是能「讀」那些書頁，或者能不能避免本不該打開的書頁被翻開。

如果 DNA 序列以外的修飾能夠透過生殖細胞傳給下一代，那就有了一種與 DNA 不同的遺傳方式，可以把這一代身體的狀況傳給下一代；但實際上，我們的身體極力避免這種情況發生，並且在生殖的兩個階段「消除」這些「外遺傳」的修飾。

在身體形成精子和卵子的時候，DNA 的甲基化和組織蛋白上面的乙醯化都是要被消除，以適應生殖細胞的功能。同樣，受精卵在發育成胎兒時，裡面 DNA 的甲基化和組織蛋白的乙醯化也要重新設定，以適應胎兒發育的需要。這種消除外遺傳修飾的機制，才是生殖細胞中真正的「孟婆湯」。而且和人去世後過「奈何橋」時只喝一次「孟婆湯」不同，在生殖細胞的形成階段和受精卵階段都要喝「孟婆湯」，也就是要喝這種「湯」兩次。看來生物為了下一代「重新開始」，真的是設了重重關卡，要把這一生的所有印記都「抹掉」。

在過去，這個「抹去」印記的過程被認為非常徹底，也就是細胞裡面的「孟婆湯」被認為非常有效，比如在精子形成的過程中，不僅要先消除 DNA 原先的甲基化，而且還用另一種鹼性蛋白質——精蛋白，來替換組織蛋白。這相當於把書裡面印字句的書頁紙都換成了新紙，那原來在書頁上做的「記號」（乙醯化）也同時被消除了；但是，在本文中所列舉的上一代的生活經歷和身體狀況對後代的影響卻表明，細胞裡面的「孟婆湯」在消除這一生的記憶上並非 100% 有效。有一些訊息能夠成為「漏網之魚」，逃到下一代的細胞裡面，影響基因的功能。這種逃出「孟婆湯」作用的機制現在還不清楚，但也有了一些初步的研究結果，比如為精子活動所需的基因，它們所結合的蛋白就仍然是組織蛋白，而沒有完全被精蛋白取代。

外遺傳機制可以使動物打破 DNA 序列變化緩慢的限制，使後代

能迅速獲得上一代生物對環境因素做出反應而發生的變化，這對生物族群的生存和繁衍也許有利，但上一代不良的環境和生活習慣也可能對後代健康有不利的影響。

當然，外遺傳並不是演化。在外因消失以後，這些外遺傳現象也會逐漸淡化消失，DNA 又回到原先的調控狀態，但它對以後數代或數十代中造成的影響仍不能被忽視，有可能對後代的健康狀況有不良的後果；另一方面，外遺傳狀況的改變又是可逆的，不良的生活習慣（比如吸菸和吸毒）雖然會改變基因的外遺傳狀態，但一旦這些不良習慣被消除，這些外遺傳的改變又會逐漸減弱以致消失，所以我們無論是為了自己的健康還是後代的健康，都應該改變不良生活習慣。

對於外遺傳學的研究目前還處於初期階段，其中的許多機制還不很清楚，而且外遺傳的機制也不限於組織蛋白的乙醯化和 DNA 的甲基化，還包括小分子核醣核酸（RNA）的作用等，但近年來的研究已經開始改變人們對於遺傳的觀念。了解一些外遺傳學方面的知識，對我們自己和後代的健康都很有幫助。

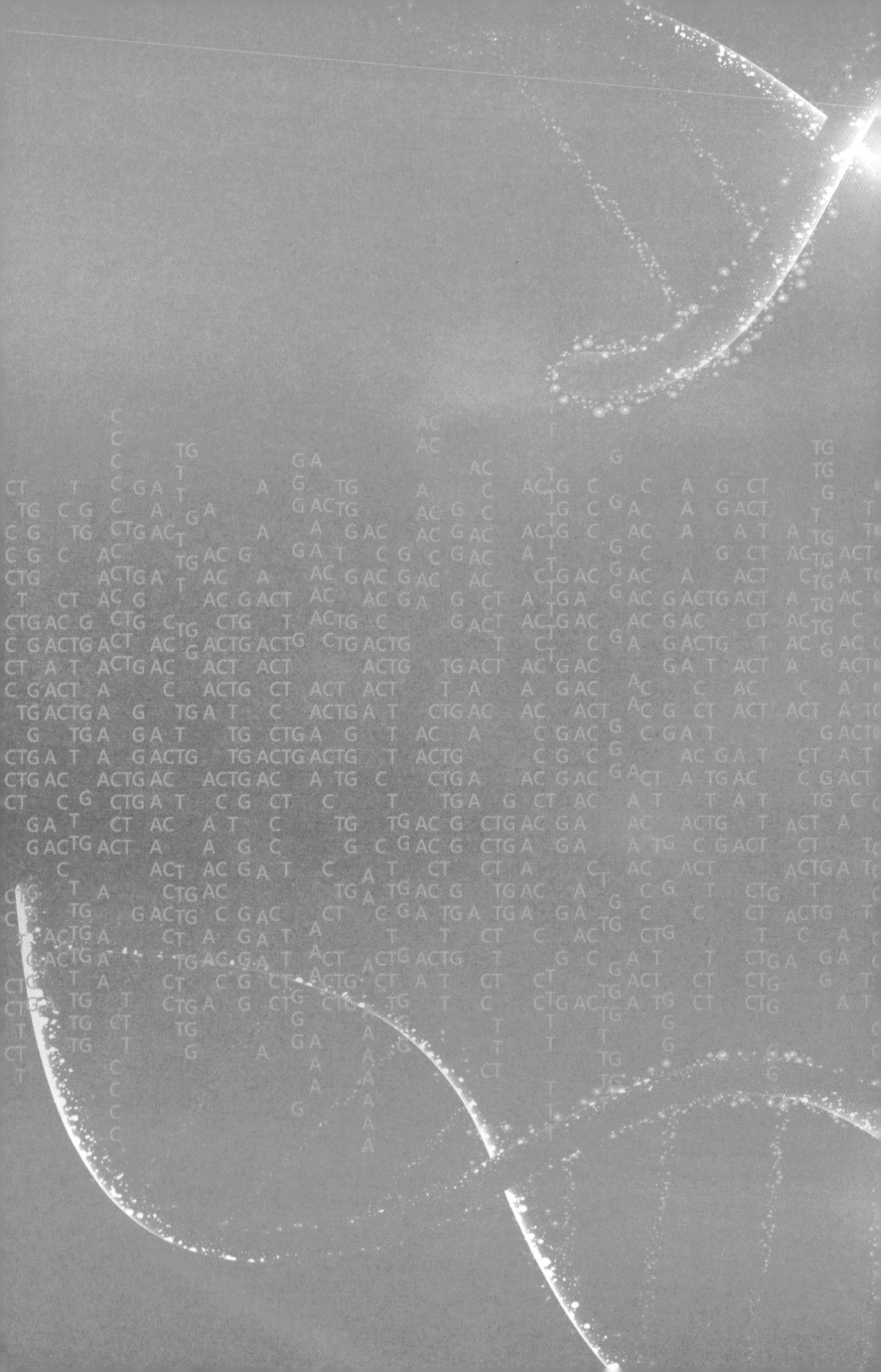

4

生物的共性和特性

4.1 為什麼每個人都是特別的？

　　現在地球上的人口已經超過七十億人，光是在中國就有超過十三億人。在我們見過的人中，無論是直接接觸到的家人、鄰居、同學、同事，還是在公共場合遇見的人，以及從電影、電視、報紙、書刊上看見的人，每個人都有自己的特徵，沒有兩個人完全相同。不僅人與人之間臉形、身材、膚色、體質，患各種疾病的機率不同，而且每個人的性格、思想、觀念、表情、動作、習慣、愛好都不一樣。這些專屬於每個人的東西，就組成了這個人的「特質」，把一個人和另一個人區別開來。「特質」是相當穩定的，人的身體可以變老，但是人的「特質」卻變化不大。即使是老同學幾十年不見面，再相遇時也許已經面目全非，但我們還是可以很快辨別出誰是「當年的那個人」，絕不會把這個同學誤認為是另一個同學。

　　那人與人之間為什麼有這麼多差別呢？

遺傳物質的作用

　　首先要考慮的當然是遺傳因素。俗話說「種瓜得瓜，種豆得豆」，牛生不出羊，貓也生不出老鼠，就是因為它們的遺傳物質不同。就是人，即使是在同一民族中，除了同卵雙胞胎外，也沒有兩個

模樣相同的人。在拍中國近代歷史片時，就是從十三億人中去尋找，也找不到和已故國家領導人長相完全相同的人，就連七八分像的都難以找到。這些事實都說明，一個生物體的性狀首先是由遺傳物質所決定。

除了一些病毒外，地球上所有生物的遺傳物質都是由去氧核醣核酸，即 DNA 所構成。每個人都有不同於其他人的特質，首先就在於除同卵雙胞胎或同卵多胞胎以外，沒有兩個人的 DNA 完全一樣；反過來，同卵雙胞胎（由同一受精卵分裂而來，所以具有相同的 DNA）之間極高的相似性（相對於一般人而言），又反面證明了 DNA 對生物性狀的重要性。

我們身體裡面的各種生命活動主要是靠各種蛋白質分子來執行，而蛋白質又是由 DNA 編碼和控制。是 DNA 決定在什麼時間、在什麼細胞裡面，生產（生物學裡面叫「表達」）出什麼種類的蛋白質以及生產多少。DNA 有差別，生成的蛋白質的種類、數量、性質，以及出現的時間和地點也會有一些差別，這些差別就造成了細胞內各種化學反應進行程度的差異，以及各種訊息傳遞鏈運作狀況的不同，這是人與人之間差異遺傳學的基礎。

人的遺傳密碼是由約 30 億個鹼基（可以看成為「字母」）「拼寫」而成，為兩萬多種類型的蛋白質編碼。和英文有二十六個字母不同，人的遺傳密碼的「字母」只有四個，即 A、G、C、T，分別代表腺嘌呤、鳥嘌呤、胞嘧啶和胸腺嘧啶。人與人之間 DNA 的差異，主要是單個「字母」的差異，叫做單核苷酸多態性（single nucleotide polymorphism，SNP）。比如在 DNA 的某個位置，對方是 A，我是 G，對方是 C，我是 T 等等。如果這種「字母」的差別能影響蛋白

質的組成（比如改變蛋白質中的一個氨基酸），或者改變蛋白質「表達」的時間、地點、多少，就會對人的性狀發生影響。

遺傳物質對生物性狀的重要性，最直接的證據就是由 DNA 缺陷所引起的各種疾病，包括由父母的 DNA 傳給下一代的疾病，比如色盲、白化症、先天性耳聾、多指等等。近年來，隨著人的整個基因組（genome，即全部 DNA 序列）被測定，還發現了若干與人身體的性狀有關聯的 DNA 變異，比如：在青藏高原高居住的藏族人，缺氧誘導因子 -1（hypoxia　inducible factor，HIF-1）的變化，使他們血液中紅血球的數量不會像住在平原上的人到西藏後那樣急遽升高，因而他們不會得高原病；在中東和歐洲畜牧業發達的地區，乳糖酶基因（lactase，LCT）的變化，使帶有這種基因的人在成年後仍然在腸壁細胞中生產乳糖酶，因此這些人成年後繼續喝牛奶不會像許多中國人那樣腹瀉和脹氣；高緯度地區的白人合成和轉運黑色素的基因發生變化，所以他們皮膚顏色最淺，以盡可能有效地吸收斜射陽光，合成維生素 D，而赤道附近的黑人則否。

而人的脾氣也受 DNA 的影響，比如在大腦中的神經細胞之間傳遞訊息的分子（神經傳導物質）中的多巴胺，就和許多神經活動的特質有關，包括情緒。多巴胺有許多種受體（細胞表面結合多巴胺，並且把訊息傳遞到細胞內部的蛋白質分子），其中第四類受體（DRD4）的基因中，含有由 48 個「字母」組成的重複序列，不同的人 DRD4 基因中所含的重複序列數目不同，最少的只有 2 個，最多的有 12 個。遺傳分析發現，具有 7 個或 7 個以上重複序列的人（7R+），容易發生注意力缺失、過動症、衝動、喜歡冒險以及高危險性行為；另一種神經傳導物質血清素（又叫五羥色胺），也和情緒有關。腦中有

一類蛋白質叫做單胺氧化酶，其中的 A 型主要負責分解血清素，如果它活力不足，就會造成腦中血清素的濃度過高，使人富有攻擊性。在荷蘭就發現了這樣一個家族：他們的 A 型單胺氧化酶基因有變異，以致生成的酶沒有活性，結果這個家族的幾代人中，都有人因暴力犯罪而坐牢。所有這些事實都表明，DNA 差異對人的健康和性狀有直接的影響。

就算是同一對夫妻的子女，不僅模樣彼此不同，習性也可以南轅北轍。那人與人之間 DNA 的差別是如何形成的呢？為什麼同一對父母所生的孩子，DNA 也彼此不同呢？

人與人之間 DNA 的差異，主要是每一代人都對其父母的基因進行「洗牌」

人與人之間 DNA 的差異很小，大約每一千個「字母」才有一個不同。這個差異雖然小，但是多數基因的長度都有幾萬個「字母」，那每個基因平均也有幾十處由「單核苷酸多態性」造成的差別，其中一些會對基因的功能有影響，或是蛋白質的氨基酸組成有些變化，或是基因的「表達」情形有些不同，或是兩者都有。所以 DNA 序列的這種微小差別，足以使多數基因都呈現出若干不同的形式。

人與人之間 DNA 序列的差異只有 0.1% 這個事實，也說明人類曾經經歷過一個人口「瓶頸」期。科學家估計：在這個「瓶頸」期內，人類只剩下大約幾百個人，也就是幾乎到了滅絕的邊緣，而現在的幾十億人都由這幾百個人繁衍而來。假設這幾百個人中每個人的 DNA 都不同，那也只有幾百種 DNA，那現在幾十億之間 DNA 的差別

是從哪裡來的呢？

　　第一種機制，就是 DNA 複製時發生的「錯誤」。細胞分裂時，DNA 也要被複製一份，供給新生成的細胞，但是 DNA 的複製不是 100% 準確，偶爾會出一些「錯誤」。但這種「錯誤」發生的機率很小，影響基因功能的機率就更小，所以這不是人與人之間遺傳物質不同的主要原因。

　　要形成不同的 DNA 組成（其中最重要的是不同類型基因的組成），最有效的方法就是「同源重組」，也就是對來自父親和母親的基因「洗牌」。在生殖細胞（精子和卵子）形成時，來自父親的 DNA 和來自母親的 DNA 緊挨在一起，相對應的部分彼此相鄰。比如父親一段 DNA 上的基因（用斜的字母表示）$a-b-c-d-e-$ 先和母親的 DNA 中對應的基因 a—b—c—d—e— 排在一起，然後父親 DNA 中的一部分和母親對應的 DNA 部分互換。比如基因 $b-c-$ 這一段被調換了，就形成 a—b—c—d—e— 和 a—b—c—d—e— 兩種 DNA 組成。哪怕世界上最初只有兩個人（比如傳說中的亞當和夏娃），他們每個基因的形式都不同，而且每個基因都能這樣隨機互換，那二十萬種基因也能有二十萬的平方這麼多種排列方式，也就是四億種 DNA。如果每個基因有三種形式（許多基因都能滿足這個條件），那就能形成八兆種 DNA（基因組合），遠超過現在地球上的總人數。

　　當然實際上，父母基因的互換並不是完全隨機，即不是在任何 DNA 區段都可以發生，而是在特定位置發生。在特定位置的基因，就作為一個整體在父母的 DNA 之間互換，每個基因的類型數也不一樣，有的多、有的少，不過無論具體的情形如何，這樣「洗牌」的過程，都能形成足夠多種類型的 DNA 了。

減數分裂隨機地拋棄和保留父母的基因

構成我們身體的細胞（叫做體細胞）都含有兩份 DNA，一份來自父親，一份來自母親。所以我們的身體是雙套，也就是每個基因都有「雙份」（性染色體上的基因除外）。

但是生殖細胞（精子和卵子）可不能也是雙套。如果是那樣，受精卵（由精子和卵子結合而成）的 DNA 就會是四套了，孫子輩就是八套了，這樣下去可不得了。為了避免這種情況，生殖細胞在形成時，要經過一個叫做減數分裂的過程，也就是一個細胞變成兩個，但是 DNA 並不複製加倍。如此，每個生殖細胞都是單套，由精子和卵子結合生成的受精卵才恢復到雙套的狀態。這相當於每個生殖細胞都要丟棄一半的 DNA，只保留一半的 DNA，而這個生殖細胞丟棄的那些 DNA，實際上是進入另一個生殖細胞；同時，這個生殖細胞保留的 DNA，另一個生殖細胞又不擁有。

由於在減數分裂前，細胞已經對來自父母的 DNA 進行「洗牌」，即同源重組，在減數分裂時，細胞的 DNA 已經是父母基因的雜合物。由於兩個雜合 DNA 分別進入兩個生殖細胞的過程是隨機的，這就意味著每個生殖細胞丟掉和保留的父親或母親的基因也是隨機的，比如得到 $a-b-c-d-e-$ 雜合 DNA 的生殖細胞就「丟掉」了父親的 b 基因和 c 基因，而保留了母親的這兩個基因；得到 $a-b-c-d-e-$ 雜合 DNA 的生殖細胞就「丟掉」了父親的 a 基因、d 基因和 e 基因，而保留了母親的這三個基因。由於同源重組（「洗牌」）的隨機性，以及在減數分裂時重組後的 DNA 進入精子和卵子的隨機性，每個卵子和每個精子的 DNA 構成（哪些基因來自父親，哪些基因來自

母親，哪些父親的基因「丟掉」了，哪些母親的基因「丟掉」了）都不一樣。再加上受精過程（哪個精子使哪個卵子受精）也是隨機的，生成的受精卵自然也就有獨一無二的 DNA 組成。這是世界上幾十億人彼此不同的遺傳學基礎，也是同一對父母所生的孩子也彼此不同的原因。

需要說明的是，這種同源重組，即基因「洗牌」，只發生於生殖細胞中，即在繁殖下一代的過程中。在構成我們身體的「體細胞」中，來自父親的 DNA 和來自母親的 DNA 可是嚴格地「男女授受不親」的。DNA 上面要嘛全是來自父親的基因，要嘛全是來自母親的基因，彼此絕不相混。所以每個體細胞內都有一個「小父親」，一個「小母親」，他們協同努力，一起掌控細胞的功能。

每個人都有「好」基因和「壞」基因

由於父母的基因又是從他們的父母而來，也是由 DNA 的同源重組過程「洗過牌」，這樣一代一代推上去，哪些「祖宗」的哪些基因最後進入某個孩子的基因，也是隨機的。孩子的性狀就要看他（她）從父母（以及父母的父母，父母的父母的父母等）得到了哪些基因，以及這些基因組合的情形。所以俊男美女所生的孩子不一定好看，長相一般的父母也能生出漂亮的孩子；數學天才的父母數學不一定好，而急脾氣的父母生出的孩子也許是慢性子。

由於每一代人都對生殖細胞的 DNA「洗牌」，每個人的 DNA 就像一副洗無數次的撲克牌一樣（如果把每張牌比喻為一個基因的話），裡面基因類型的組合非常隨機，每個人擁有「好」基因（對健

康和智力有利的基因形式）和「壞」基因（對健康和智力不利的基因形式）的機率也是隨機的。幾乎每個人都有對身體不利的基因，不是容易得某種癌症，就是容易有高血壓或近視眼等其他病症。在某個方面出色的人，往往在其他方面比平常人差；反過來，每個人都一定會擁有若干「好」的基因，在適當的條件下就會表現出來。一些在中學時代成績平平的同學，以後卻在某個領域有出色的表現；一些身體殘疾的人，在精神活動方面卻取得優於常人的成就。

從這個意義上講，大自然對每個人是公平的，每個人都有自己獨特的優點，就看是不是有合適的環境條件讓它發揮，所以每個人都應該對自己有信心。

DNA 序列不能決定一切

DNA 的序列無疑非常重要，它包含有最基本的遺傳訊息。但是 DNA 裡面的訊息能不能被讀取，如何被讀取，還取決於和 DNA 結合在一起的蛋白質以及 DNA 自身被「修飾」的狀況。這些狀況是因人而異的，叫做外遺傳修飾。所以即使是同卵雙胞胎（擁有相同的 DNA 序列），他們得病的機率也不相同（參見本書 3.2 節生殖細胞也喝「孟婆湯」嗎？——介紹一些「外遺傳學」）。

另外，一個人的思想、觀念、經驗、技能，是後天獲得的，和一個人的成長經歷有關，並且會改變大腦中神經細胞之間聯繫的方式，對特質的形成有重要作用。所以即使我們複製一個人，也只會得到一個身體 DNA 序列相同的人，但卻沒辦法得到精神活動也相同的人（參見本書 7.2 節我們能不能透過複製自己而達到「長生不老」？）。

4.2 我們能請外星人吃飯嗎？

　　人類對外星生命一直非常感興趣。不明飛行物體（unidentified flying object，UFO，比如飛碟）的消息之所以如此吸引人，就是因為那可能是外星人訪問地球的證據。如果能夠證實，就有可能實現人類與外星人之間的接觸，這對人類社會的影響會極其巨大。能夠訪問地球的外星生物，所掌握的科學技術一定遠遠超過人類的水準，地球人就有可能免去數百年，甚至更長時間的摸索過程，實現科學技術的飛躍，其影響將是不可限量。由於科學和技術的發展需要時間，具有發達科學技術的外星人的社會發展階段，也很可能領先人類社會很長時間，可以給人類社會的發展前景提供參考。

　　有關 UFO 的報導雖然持續不斷，但是飛碟和外星生物的實物一直沒有見到，而除了被動的等待，人類還主動地去探測來自外星球的無線電信號。比如美國的「搜尋地外文明計劃」（search for extra-terrestrial intelligence，SETI），就是用強大的電波望遠鏡，搜尋離地球兩百光年以內的一千顆左右類似太陽的天體，希望從圍繞它們旋轉的行星中發現外星生物發出的無線電信號。

　　在尋找外星的智慧生物的同時，人類也在太陽系內部的行星（或行星的衛星）上尋找生命跡象，哪怕是最原始的生命。火星上曾經有

大量的液態水，有過河流和海洋；它的轉軸傾角（25.2°）和地球的（23.5°）非常相似，也像地球一樣有四季。火星上過去曾經有過生命可能出現的條件，甚至有人認為地球上的生命來自火星（火星遭受隕石撞擊時會有一些岩石帶著上面的生物飛到空中，其中有一些會降落在地球上）。現在人類對火星的探測中，一個重要目的就是在那裡尋找微生物；木星的衛星「木衛二」（Europa）表面的冰層下面，可能有巨大的液態水的海洋，也是人類探測地球外生命的重要目標。

如果真的發現了外星生命，有外星人來訪，而且是帶著和平使命而來，我們應當歡迎他們，那作為東道主，我們要做的很多，其中就包括提供食物。但問題是：外星人能吃地球上人的食物嗎？

在回答這個問題之前，我們先要問：什麼是食物？我們為什麼能吃食物？我們天天吃飯，好像從來沒有想過這個問題；但是仔細想一下我們吃的東西，就會發現，能夠稱得上是人的食物的東西，都來自其他生物，而且人所能吃的地球上的生物真是無窮無盡，幾乎所有的生物門類裡面都有人能吃的食物：從單細胞的細菌（如優格裡面的雙歧桿菌和醃菜裡面的乳酸菌）、真菌（如酵母、蘑菇、木耳）到所有門類的植物，包括低等的藻類植物（如海帶、紫菜），蕨類植物（如毛蕨、菜蕨、水蕨），裸子植物（如松子、銀杏），被子植物（包括各種蔬菜、水果、種子、根莖，甚至花朵），到幾乎所有門類的動物，包括刺絲胞動物（如水母），軟體動物（如蝸牛、蚌），甲殼動物（如蝦、螃蟹），昆蟲（如蠶蛹、蝗蟲、蠍子、螞蟻），到脊椎動物，包括魚類，兩棲類（如青蛙），爬蟲類（如蛇），哺乳類（如牛、羊、豬），鳥類（如雞、鴨、鵝），可以說沒有什麼門類的生物是人類不能吃的。

　　究其原因，是因為現今地球上所有生物都是從同一個祖先演化而來，彼此都是或近或遠的親戚。在生命開始在地球上出現時，可能有過使用不同機制的生命，但是後來有一種在競爭中勝出，最後成為地球上所有生物的共同祖先。所以地球上的生命雖然看上去千差萬別，基本的生命機制卻是完全一樣。從分子的意義上說，地球上的生命非常單調，這就是為什麼人類總是在尋找與我們不同的生命形式，哪怕是存在於這個太陽系中（比如火星或木星的衛星）的不同生命。

　　既然地球上所有生命都來自一個共同祖先，它們就都有相同的基本結構單位。比如所有的細胞生物都用相同的四種核苷酸來組成遺傳物質（DNA，即去氧核醣核酸），都有由二十種氨基酸組成在生命活動中起關鍵作用的蛋白質，都有類似的細胞膜組成（磷脂質），都使用碳水化合物（葡萄糖、澱粉等）和脂肪作為能源和儲存能量的物質。也就是說，從最簡單的生物到最複雜的生物，所用的「建築材料」都相同，或者說基本的「零件」相同，也就可以到處通用。就像用有限的幾種積木可以搭建出無限多種結構一樣，有限種類的「生物積木」，也可以組建成地球上數以千萬計的生物。所謂吃飯，就是「拆」別的生物的「零件」或「積木」，來構建我們自己的身體。這個「拆」，就是食物在我們胃腸中被消化，比如蛋白質被分解為氨基酸，澱粉被水解為葡萄糖，脂肪（三醯甘油，即一分子甘油連三個分子的脂肪酸）被消化成甘油和脂肪酸。這些氨基酸、葡萄糖、脂肪酸就是三種基本的「積木」或「零件」，它們和其他的小分子如甘油一起，被消化系統吸收，又被用來建造我們自己的身體。

　　從這個意義上說，地球上的任何生物，原則上都可以「吃」這個星球上任何其他生物而生存，只要實際上辦得到，而且能把食物裡面

的毒性物質去掉。所以動物可以吃植物（草食性動物），也可以吃別的動物（肉食性動物）。植物也可以吃植物（如菟絲子）甚至動物（如捕蠅草）。細菌、真菌和黴菌「吃」死亡的動物和植物，但也吃活的生物，比如腳氣和癬，就是真菌吃「活人」；肺結核、感染化膿和敗血病，是細菌吃「活人」；就連病毒，都是用我們身體細胞裡面的「零件」來建造新的病毒。

地球上生命的同一性還有更深一層意義，那就是這些生命都是以碳為基礎，即地球上的生物都是以碳為骨架。在這個宇宙中目前已發現的一百多種元素中，只有碳原子最能彼此相連，形成長鏈和環狀結構，在碳骨架上還能連上各種官能基團，形成複雜的化合物。看看煤和石油，就可以實際感受一下地球上的生命以碳為基礎的事實：煤和石油就是過去地球上的生物被埋在地下，經高溫、高壓分解後，所遺留下來的碳骨架。

但是以碳為基礎的生命，不一定要採用現在地球上生命的模式。比如遺傳物質就不一定是 DNA 或 RNA，執行催化功能的分子（酶）也不一定是蛋白質。這樣的生物與地球上的生物由於「零件」不同，彼此不能通用，也就不能互為食物了。就算他們的「零件」也是有機物，燃燒也能產生熱量，我們的身體裡也沒有他們可以利用的酶，若要和這樣的生物一起開派對，雙方都得自備食物。

和碳原子相似的元素是矽，它和碳元素在元素週期表中屬於同一族，能像碳原子那樣形成立體四鍵結構，並且能彼此相連形成長鏈和分支鏈，和氫原子結合形成矽烷。它還能結合其他元素形成官能基團，比如和羥基（羥基是一個氧原子和一個氫原子相連形成的基團）相連形成羥基矽烷。所以有人推測：有些外星上的生命，可能是以矽

元素為基礎。若真如此，這些外星生命的組成物質就和地球上的完全不同了，不僅「零件」不能互換，又由於矽－氫化合物容易水解，所以不能用水為化學反應的介質，水對於這些生物就可能是毒物。對於這些外星客人，不要說請吃飯，就是請喝水都不行。

如果還有別的宇宙，元素和我們不一樣，又有生命產生，那肯定和我們宇宙裡的生物都不同，不過這就超出我們的想像力了。

5

生物多姿多彩的「有性生活」

5.1 生物的「性」事知多少？

從「無性生殖」到「有性生殖」

地球是生命的大家園，在上面居住的生物種類至少以百萬計，從微生物（包括原核生物，如各種細菌），真核生物（如真菌、藻類和原生動物等），植物（如苔蘚、蕨類植物、裸子植物、被子植物等）到動物（包括無脊椎動物如軟體動物、環節動物、昆蟲，脊椎動物如魚類、兩棲類、爬蟲類、鳥類、哺乳類等），生物的大小、形狀、結構、功能千變萬化。賞心悅目的綠葉、五彩斑斕的花卉、翩翩起舞的蝴蝶、鳴腔婉轉的鳥兒，構成了生氣勃勃、多彩多姿的世界。

仔細觀察一下，就會發現生物的多彩多姿，與生物的性別密不可分。地球上絕大多數生物，特別是多細胞生物，都分雌和雄兩性，有性生殖是地球上多數生物的繁殖方式。植物開花、蝴蝶雙飛、孔雀開屏、人類求偶，都是生物有性生殖的表現。如果生物不分性別，許多絢麗動人的情景就不會出現，這個世界會單調沉悶許多。

古人早就發現了這種現象，並且發明了專門的詞彙來形容兩性，比如用男和女來形容人的兩性、用公和母來形容動物的兩性、用雄和雌來形容植物的兩性，或泛指生物的兩性，相當於英文的 male 和 female。

　　多數生物分雌和雄兩性，是一個客觀事實，所以大家都習以為常；但如果要問，為什麼多數生物要分雌和雄，就不是一個容易回答的問題了，因為地球上還有不分性別的生物。比如許多細菌，它們的繁殖就是簡單地一分為二；蚜蟲也能孤雌生殖，母蚜蟲自己就能生出小蚜蟲來，而不需要公蚜蟲。這樣的生殖過程直接簡單，即一個生物體就可以「自力更生」，繁衍後代，而不像異性之間的尋偶、求偶、競爭、交配那麼麻煩。細菌和蚜蟲能辦到，為什麼其他生物辦不到？為什麼多數生物要採用更加麻煩（有時還是代價很高）的有性生殖方式呢？要回答這個問題，我們先要看看生物為什麼要生殖，以及如何生殖。

　　生物是非常複雜、也非常脆弱的有機體，不可能成為不死之身。要使族群能夠延續下去，就必須要不斷產生後代，這就是生殖。

　　對於單細胞生物，生殖方式可以比較簡單，就是一分為二。遺傳物質（DNA）先複製，然後細胞分裂成為兩個，各帶一份遺傳物質。「女兒細胞」和「母親細胞」模樣類似，結構相同，酵母菌用出芽生殖，「女兒細胞」比「母親細胞」小，脫落以後再長大；但對於多細胞生物，一分為二就比較困難了。水螅的身體只有兩層細胞，也可以進行出芽生殖，即在軀幹上長出小水螅，再脫落變成小水螅；但是對於結構更加複雜的動物，用「分身術」繁殖越來越困難。蚯蚓斷成兩截後再長回「全身」，蜥蜴斷尾後長出新尾巴，都只是身體失去部分的再生，而不是繁殖的方式。即使低等如螞蟻、蝗蟲那樣的動物，都不可能用出芽或分身的方式繁殖後代。高等動物就更不用說了，誰能想像從人身上長出一個「小人」來，脫離以後變成一個新的人？

　　植物則更加靈活，因為植物的基本結構比動物簡單，不像動物那

樣有如此多種系統和細胞類型，很多植物也沒有固定的形狀，身體的結構不需要像動物那麼嚴格，只要能長出新的根、莖、葉就行，在哪裡分枝，在哪裡長葉都可以。而且許多植物都有「分生組織」，在其一生中不斷分化形成其他類型的植物細胞，相當於植物有「全能幹細胞」，所以「分身術」在一些植物中可行，比如一些苔蘚就以將身體裂成幾段的方法繁殖，落地生根的葉片能在邊緣上長出小的莖葉結構和細根，接觸土壤以後可以長成新的植株。這有點像酵母的出芽生殖，只不過是出的「芽」是多細胞結構，我們也可以用人工的方法讓一些植物的莖或葉長成新的植株。不過植物用「分身術」只能「就近」產生後代，效率不高，多數植物已經不採取這種辦法來繁殖了。

對於多數複雜生物（無論是動物還是植物），更常見的繁殖方式是把遺傳訊息（DNA）「包裝」到單個特殊的細胞中，再由這個細胞（單獨或與其他帶有同樣繁殖使命的細胞融合成一個細胞）發育成一個生物體。也就是說，複雜生物的身體都是由一個細胞發育而來，這是地球上多細胞生物繁殖的總規律。我們把這種負有傳宗接代任務的細胞統稱為生殖細胞，而用生殖細胞產生後代的方式有許多種。

最簡單的方式，就是生物自身形成能長成新生物體的生殖細胞。它由有絲分裂（用細胞裡面紡錘體中的細絲把複製出來的兩份遺傳物質拉開，分別進入兩個新細胞的過程）產生，遺傳物質和母體細胞完全相同，不需要與其他細胞相互作用就能發育成新的生物體，所以「自給自足」。這就是孢子中的一種，叫做分生孢子（conidium）。比如一些黴菌就是用這種方式來繁殖，這種繁殖方式其實和細菌、酵母的分裂繁殖本質上沒有區別，也是靠分裂繁殖，卻又進一步：細菌和酵母分裂出來的細胞，還是以單細胞形式生活，而黴菌「身體分

裂」形成的生殖細胞（孢子），卻能夠重新長成多細胞生物體，說明這個細胞已經發展出分化成身體中各種細胞的能力，也就是現在我們說幹細胞的能力。而且孢子可以耐乾旱，在惡劣環境中長期存活，還能隨風或水移動到新的地方，在那裡發育成新的個體。

這種靠孢子來繁殖的方法也屬於無性生殖。和單細胞生物的無性生殖一樣，後代和上一代的遺傳物質相同，所以是上一代生物體的複製體。這種方式簡單效率，多細胞生物可以在單位時間內產生大量的分生孢子，而且每個孢子都「自力更生」，在生活條件好的情況下，能迅速增加個體數量。而且無性生殖的後代，能夠比較忠實地保留上一代的遺傳特性，短期來講對物種的穩定性有利。

既然如此，為什麼多數生物（無論是動物還是植物）要分成雌和雄兩性呢？有性繁殖的過程遠不如用分生孢子繁殖那樣直接了當，而是困難和複雜得多，為什麼多數生物要「自找麻煩」呢？

這是因為：無性生殖雖然簡單有效，但缺點也很明顯，遺傳物質被禁錮在每個生物個體和它的後代身體內，只能「單線發展」，與同類生物、別的個體中的遺傳物質「老死不相往來」。也就是說，每個生物體在 DNA 的演化上都只「閉門造車」，對於自己和後代 DNA 的變化毫不關心，某些個體中 DNA 中出現的有益變異也無法和「別人」共享。

對於單細胞生物來說，這不會構成問題。單細胞生物一般繁殖極快，在幾十分鐘裡就可以繁殖一代。那些具有 DNA 有益變異的個體很快就可以在競爭中「脫穎而出」，成為主要生命形式；而且單細胞生物每傳一代，就有約千分之三的細胞 DNA 突變，這些突變的細胞中一般能夠出現能適應新環境的變種，迅速的「改朝換代」，單細胞

生物通常能夠比較好地適應環境的變化。

　　但是對於多細胞生物來講，這個策略卻無效。多細胞生物換代比較慢，常常需要數星期、數月甚至數年才能換一代，演化趕不上環境變化，而且個體淘汰的代價很大，因為每個被淘汰的個體都相當於成千上萬、甚至上億個單細胞生物。如果不同生物個體之間可以進行遺傳物質的交流，就可以共享 DNA 的有益變異，增加每個生物體中DNA 的多樣性（即各種基因形式的組合），相當於預先對環境的變化做準備，物種延續下去的機會就增加了。

　　不過多細胞生物之間直接進行遺傳物質的交換很難實現，一個生物體細胞裡面的 DNA，要怎麼跑到另一個生物體的細胞中去？就算直接的身體接觸可以轉移一些 DNA，到另一個生物體的表面細胞，也很難使每個細胞都轉移 DNA。但是我們前面講過，多細胞生物最初都經歷過單細胞的階段，如果單細胞階段能夠彼此融合，成為一個細胞，就能把兩個生物體的遺傳物質結合到一起。由於以後身體裡面所有的細胞都由這個最初的細胞變化而來，身體裡所有細胞都會得到新的 DNA。

　　這種用生殖細胞融合產生下一代的繁殖方式，就是有性生殖，以區別於沒有生殖細胞（比如分生孢子）融合過程的無性生殖。所以有性生殖可以定義為「把兩個生物體（通常是同種）的遺傳物質結合在同一細胞質中以產生後代的過程」。來自不同生物體，彼此結合的生殖細胞就叫做配子，有配合、交配之意，以區別於沒有細胞融合的孢子。

　　不過這個過程會立即產生一個問題：如果兩個生物體的遺傳物質結合，那麼融合產生的細胞裡面就有兩份遺傳物質，生物學上叫做雙

套。如果雙套生物產生的生殖細胞還是雙套，兩個生殖細胞融合後的細胞就會是四套，再往下的生物就會依次變成八套、十六套、三十二套……若如此，有性生殖的生物很快就會「吃不消」了，哪個細胞能裝下以等比級數增加的遺傳物質？

不過生物體是很聰明的，在形成生殖細胞時就把這個問題預先考慮到了。進行「有性生殖」的生物一般是「雙套」，而在形成生殖細胞時，會先把遺傳物質減半，形成單套，這個過程叫做減數分裂。兩個單套的生殖細胞融合後，正好恢復了生物正常的雙套狀態。如此，有性生殖就可以一代代地繁衍下去了。

而且減數分裂的作用，不只是把遺傳物質減半，還能在兩份DNA之間進行交換。兩份DNA先是按照序列的相似性和對應性排在一起，然後不同DNA分子上的對應片段隨機互換。這樣得到的DNA分子，就是兩份遺傳物質的「混雜物」。這個過程叫做同源重組（homologous recombination），同源重組有許多好處，我們稍後再說。

在有性生殖形成初期，兩個生物體產生的配子大小形狀相同，叫同配生殖（isogamy），比如一些真菌、藻類和原生動物就進行同配生殖。隨著生物體日趨複雜，身體也越來越大，兩個同樣小的「配子」融合的細胞，在發育成一個複雜的生物體上就有點「力不從心」了。生成複雜的生物體需要大量營養，需要配子變得更大，以攜帶更多營養；但是配子一大，運動能力就會變差，不利於彼此「碰」到。一個解決的辦法，就是把營養功能和運動功能分開，一種配子專供營養，基本上不動，另一種配子專門運動，除了遺傳物質以外，不必要的東西攜帶越少越好。這樣就由配子逐漸分化成為卵子和精子。卵細

胞很大，帶有許多營養，數量較少；而精子很小，數量眾多，擅長運動。產生卵子的生物就叫雌性生物，產生精子的生物就是雄性生物，這就是生物雌性和雄性的來源。

也許有人要問：為什麼生物只分雌和雄兩性呢？結合三個、甚至更多生物體的遺傳物質不是更好嗎？這個「主意」聽起來不錯，但實行起來卻很困難。兩性尋偶、求偶、競爭和交配的過程已經夠複雜了，再加入第三方或多方，情形會更加困難，在個體密度低的情況下，反而會因為找不齊三方或多方而無法繁殖。由於各方都有「一票否決權」，他方越多，成功率越低；而在細胞減數分裂時，如何把「三倍」或「多倍」的遺傳物質分到三個或多個細胞裡面，再形成單套的生殖細胞，也是一個難以解決的問題。現在細胞還沒有「一分為三」的機制，更不要說「一分為多」了。所以進行有性生殖的生物，每個生物體不能有多於一個生物學上的父親和多於一個生物學上的母親。

有性生殖也不限於多細胞生物，單細胞的真核生物也可以進行。比如酵母菌在營養充足時用無性的出芽方式繁殖，一旦營養缺乏，雙套的酵母就會進行減數分裂，形成單套的「配子型孢子」（分為 a 型和 α 型）。這兩種配子型孢子在萌發後能夠融合，形成新的雙套酵母細胞。它的遺傳物質經過同源重組和兩型結合，已經和原來的「父母」細胞不同，在困難的環境下有更強的生存能力。

有性生殖的作用：「拿現成」、「補缺陷」、「備模板」和「重洗牌」

上面介紹有性生殖形成的過程，現在具體談談有性生殖的「優點」和「缺點」。先說人們認為的有性生殖的「優點」。

一是「拿現成」。DNA 的突變速度很慢，比如人類每傳一代，DNA 中每個鹼基對突變的機率只有一億分之一，也就是大約三十億個鹼基對中，只有三十個左右發生變異，而且這些變異還不一定能改變基因的功能。而來自兩個不同生物體的生殖細胞的融合，有可能立即獲得對方已經具有的有益變異形式。透過有性生殖，同一物種的不同個體間，可以實現遺傳物質的共享。

二是「補缺陷」。兩份遺傳物質結合，受精卵以及後來由這個受精卵發育成的生物體細胞中的 DNA 分子，就有了雙份。如果其中一份遺傳物質中有一個缺陷基因，另一份遺傳物質很可能在相應的 DNA 位置上有一個完整基因，可以彌補缺陷基因帶來的不良後果。

三是「備模板」。在減數分裂過程中，受損的 DNA（比如雙鏈斷裂）可以使用另一個 DNA 分子作為模板修復。

四是透過同源重組，對兩個生物體的基因進行「重洗牌」。這就有可能把有益的變異和有害的變異分開，而且可以把兩個生物體有益的變異結合。「基因洗牌」也可以增加下一代 DNA 的多樣性，使整個族群可以適應各種惡劣的生活條件。

這些優點使多細胞生物從一開始（受精卵階段）就能得到經過補充和修復、具有「備份」、基因組合多樣性的遺傳物質，而且隨著受精卵的分裂和分化，把這些遺傳物質帶到身體所有細胞，這也許就是

地球上的絕大多數生物都採用有性繁殖的原因。

當然，有性生殖帶來的結果不都是好的。後代在獲得有益 DNA 的形式時，也有可能獲得壞的 DNA 形式。基因之間原來好的組合也許會被打破，有益的變異形式也有可能和有害的變異形式組合在一起。

精子和卵子的形成，既需要生殖器官的細胞進行有絲分裂，也需要減數分裂（包括減數分裂過程中的同源重組），步驟複雜，出錯的機會自然要比無性生殖（只需要有絲分裂）多。

兩性的分工也意味著兩性必須合作才能產生下一代。這就產生了尋偶、求偶、競爭和交配這些麻煩事，需要付出相當的時間和精力，甚至冒一些風險（比如同性生物為爭奪交配權的打鬥）。對於一些體內受精的動物來講，還要冒微生物「搭便車」，染上性病的危險。

儘管有性生殖有這些缺點，但是地球上的多數生物，特別是複雜的高等生物，還是採取了有性生殖的方式，說明有性生殖帶來的「好處」多於「壞處」。

但是有性生殖的這些缺點也必須「認真對待」。有性生殖產生的後代和無性生殖產生的後代一樣，要面臨同樣的生存選擇（如乾旱、水災、極端溫度、饑餓、寄生蟲、微生物感染以及捕食者等）。除此以外，進行有性生殖的生物還有兩種特有的選擇機制，以盡量減少有性生殖的負面作用，這就是細胞選擇和成體被異性選擇。

有性生殖中的細胞選擇和異性選擇

用無性生殖方式產生生殖細胞（如分生孢子）的過程比較簡單，只需要進行有絲分裂，複雜程度只相當於普通的細胞分裂，沒有遺傳物質的改變，所以生成的生殖細胞不容易出「廢品」。而用有性生殖產生生殖細胞的過程要複雜得多，出「廢品」的機率就比分生孢子大。

比如人每傳一代，生殖細胞的 DNA 中每個鹼基對出錯的機會約是一億分之一（約為 1.3×10^{-8}），約是進行「無性生殖」的大腸桿菌的突變速率（約為一百億分之三，即 2.6×10^{-10}）的五十倍。

精子和卵子出「廢品」的機率也不同。比如人的卵細胞在女嬰出生時就形成了，所以女性不會在一生中不斷產生卵細胞；男性則不同，在性成熟後的幾十年都在不斷地產生精子，這就需要精原細胞（產生精子的幹細胞）不斷分裂。男人到五十歲時，精原細胞就已經分裂了約 840 次。而每一次分裂都可能突變，所以精子中 DNA 的平均突變率約是卵子的五倍。

對於恆溫動物，精子的生成還有一個不利因素，就是精子的生成、成熟和儲存對溫度非常敏感。由於目前還不知道的原因，睾丸的溫度在 36℃ 或以上就會有嚴重後果。為了解決這個問題，許多哺乳動物都採取了把睾丸放在體外的方式，就是陰囊。陰囊是由皮膚形成的袋子，可以根據溫度變化形狀，把溫度控制在 35℃ 以下。外界溫度高時，陰囊鬆弛，增大表面積，以利於散熱；外界溫度低時，陰囊收縮，減小表面積，以減少熱量散失。外界溫度很高（比如 40℃ 以上），陰囊還會出汗，靠汗液的蒸發來散熱。

　　除了精子生成，還有精子儲存的問題。在沒有交配機會的情況下，精子必須被儲存起來，以備交配使用。也許是因為體內的高溫（人為 37℃）不利於精子長期儲存，所以儲存精子的附睪也和睪丸一樣，位於陰囊內。隱睪症（男嬰出生後，睪丸沒有從腹腔下降到陰囊中）幾乎總是導致該男性不育。

　　用陰囊來「裝」睪丸和附睪的做法，相當於把產生和儲存精子這樣重要的器官都置於軀幹以外，使他們容易受傷。即便如此，多數哺乳動物仍然採取了睪丸外置的方法，說明這是不得已，因為溫度這一關難以跨越。也有些哺乳動物不採用陰囊外置的方法，比如鯨魚、大象（據說是從水中「登陸」的）和蹄兔（hyraxes，模樣雖然像嚙齒類動物，實際上與大象的關係更近）就用流過體表、溫度比較低的血液降低睪丸的溫度，這對於在水生哺乳動物也許是更好的辦法。

　　即使是如此，正常人的精子中也有約 25% 是畸形的，這還不包括那些形態看起來正常、其實攜帶有不正常 DNA 的精子。有的人精子中高達 80% 畸形。據世界衛生組織（World Health Organization，WHO）的標準，精子至少要 60% 正常才能有效地使女方受孕，故如果精子和卵子結合的過程是結婚那樣一對一，風險就太大了。

　　所以進行有性繁殖的生物，在生殖細胞的融合階段就對精子進行選擇。人類每次射出的幾億個精子中，只有最強壯、最具活力的精子能一馬當先，率先到達卵子並且與之結合。精子的選擇機制，使有性生殖的生物可以採用單細胞生物那樣比較「便宜」的細胞淘汰方式，可以大大減少昂貴的身體淘汰（即在胚胎發育到某個階段，甚至已經長成生物體，再因 DNA 的原因而死亡）。

除了細胞選擇，進行有性生殖的生物還有另一個層次的選擇，就是被同種生物的異性選擇。異性選擇可以在個體層次上選擇已經長成、可以正常生活的個體。雌性動物會選擇「綜合能力」最高的雄性，次好的動物則會被剝奪交配權，牠們所攜帶的基因也因不能被繁殖下去而被淘汰。這並不會消滅這些個體，卻可以淘汰它們所帶的基因，總體效果和單細胞生物直接淘汰次好的個體是一樣的。

當然，雌性不能直接看見潛在對象的 DNA，但是可以從雄性的體型、毛色、花紋圖案的鮮豔程度、唱歌的本領以及在打鬥中的表現，判斷雄性是否身體健康、是否被寄生蟲感染、是否具有更強的生活能力等。

異性選擇是天擇的一種，因為配偶也是自然界的一部分。但是異性選擇和天擇又有區別，異性選擇只是同一物種中的個體，而天擇的範圍要廣泛得多，包括非生命的環境（如溫度、水源等）和生命環境（食物、捕食者、微生物、寄生蟲等）。在一些情況下，異性選擇的需求和天擇的需求相衝突，比如一些雄鳥為了吸引雌鳥演化出很長的尾巴，但是過長的尾巴也會使其行動不便，遇到捕食者時也不容易逃脫；過於鮮豔的顏色和更響的叫聲，也使雄性動物更容易暴露自己給捕食者。但是性別選擇又是有性繁殖的生物，淘汰那些生理正常但「綜合能力」稍差的個體的重要手段，所以能夠長盛不衰。

有了細胞選擇和異性選擇這兩個手段，再加上與用無性生殖的生物同樣面臨天擇，有性生殖的生物就能有效避免這種繁殖方式本身的缺點，而充分發揮有性生殖的優點，使得有性生殖成為地球上多數生物、特別是高等生物的繁殖方式。

「能做」和「想做」——生物對有性生殖的「回饋系統」

有性生殖的優越性以及隨之而來的性器官的演化，可以保證有性生殖的過程「能做」，這兩點對於植物就足夠了。植物沒有神經系統，沒有思想，基本上是按程序進行生理活動，植物可以發展出各式各樣的方法（如開花、授粉）來使有性生殖得以進行，而天擇就可以讓進行有性生殖的植物占優勢。

但是這對動物來講就有點「懸」。動物，特別是高等動物，有神經系統、能自主決定，有性生殖也需要動物主動操作。而有性生殖是很麻煩，甚至是很危險的事情，如果沒有「回饋機制」，給從事有性生殖的生物體好處，生物體是不會自動去做的；換句話說，有性生殖不但要「能做」，動物還必須「想做」，否則有性生殖再優越也沒有用，因為動物並不會從認知層面了解有性生殖的好處，而主動去做。所以動物必須發展出某種機制，以保證族群中的性活動必定會發生。動物採取的辦法，就是讓「被異性選擇」和「性活動」這兩個過程，產生難以抵抗、精神上強烈的幸福感和生理上的快感，這就是在動物腦中的「回饋系統」。

人的「回饋系統」與腦中多巴胺（dopamine）的分泌密切有關。當男性進行性活動時，中腦的一個區域，叫做腹側被蓋區（ventral tegmental area，VTA）的，會分泌多巴胺。多巴胺接著移動到大腦的「回饋中心」，叫做伏隔核（nucleus accumbens）的地方，使人產生愉悅感；而女性在進行性活動時，腦幹中的一個區域，叫做中腦導水管周圍灰質（periaqueductal gray，PAG）的區域被刺激，

而杏仁核（amygdala）和海馬迴（hippocampus）的活動力降低，這些變化被解釋為，女性需要安全放鬆的享受性歡樂。

在性高潮時，無論是男性或女性，位於左眼後的一個區域，叫做外側前額葉皮質（lateral orbitofrontal cortex）的區域停止活動，這個區域的神經活動被認為與推理和行為控制有關。性高潮時這個區域的活動停止，也許能使人摒棄一切外界訊息，完全沉浸在性愛。

對於男性來講，射精是使精子實際進入女性身體的關鍵活動，沒有射精的性接觸對於生殖是沒有意義的，所以男性的性高潮總是在射精時，即對最關鍵的性活動步驟以最強烈的回饋，以最大限度地促使射精的發生。

為了最大限度地享受性快感（即對性活動實現最大限度的回饋），演化過程發展出了多種神經聯繫來傳遞性感覺。性器官的神經聯繫非常密集，光是陰蒂就有約八千個神經末梢，而且在兩性中傳輸性感覺的神經路徑都不只一條。比如下腹神經（hypogastric nerve）傳遞女性子宮和子宮頸的感覺、傳遞男性前列腺的感覺；骨盆神經（pelvic nerve）傳遞女性陰道和子宮頸的感覺和兩性直腸的感覺；外陰神經（pudendal nerve）傳遞女性陰蒂的感覺、傳遞男性陰囊和陰莖的感覺。除此以外，女性還有迷走神經（vagus nerve）聯繫，傳遞子宮、子宮頸以及陰道的感覺。它繞過脊髓，所以脊髓斷裂的婦女仍然可以感覺到對子宮頸的刺激，也能達到性高潮。而且由於神經傳導途徑的不同，女性「陰蒂高潮」和「陰道高潮」的感覺不一樣。

這樣精心安排對性活動的「回饋系統」是如此強大，以致極少有人在一生中完全迴避性活動。層出不窮的性犯罪說明，如果對這

種回饋效應的追求不用道德和法律控制，會在人類社會中導致負面的後果。一些毒品（比如海洛因）就是透過刺激這些回饋中心，而人為地獲得和性高潮類似的感覺。2003 年，荷蘭的神經科學家 Gert Holstege 用正電子發射斷層掃瞄術（positron emission tomography，PET），監測了男性性高潮時和吸食海洛因時腦中的變化，發現二者有 95% 相同！

但如果控制得當，性愉悅就是大自然給我們最寶貴的禮物之一。比起動物，人類更加能夠享受性愛的感覺。也許是住房的出現使人類擺脫了繁殖活動對季節的依賴，人類的性活動一年四季都可以進行，而不像許多動物那樣，每年只有短暫的發情期和交配期。更寶貴的是，人類的性活動可以延續到生殖任務完成後許多年，因而可以脫離生殖目的，只以享受為目的。

而且在形成精子和卵子過程中的「基因洗牌」（即同源重組），使人類基因的組合方式無窮無盡。每一個人都是獨特的，只能出現一次，前無古人，後無來者。基因的差異，再加上後天社會的經歷和影響，使得每一個人都有獨特的擇偶偏好與標準。這種人與人之間的差異，使得尋偶成了一個非常帶有個人特質的事情，也使得多數人能夠找到自己喜歡的配偶。我們都有這樣的經驗：中學時，班上你沒有感覺甚至不喜歡的異性同學，後來絕大多數都結了婚，說明他（她）們也有人愛。如果大家都的喜好都一樣，那必然出現一些人被所有人追、同時又有一些人都沒有人喜歡的情形。

除了性活動，進食是動物另外一個必須進行的活動，不然物種就會滅亡。和性活動一樣，覓食、捕食也是很麻煩甚至很危險的事情，如果沒有一種機制能迫使進食，動物也不會主動去做，所以大腦對進

食也發展出了「回饋系統」。進食會產生愉悅感，包括對食物味道、氣味的享受，和進食後的滿足感，而饑餓則會產生非常難受的感覺。古人早就對這兩項「非進行不可」的活動有所認識，所以說「飲食男女，人之大欲存焉」（《禮記‧禮運》），非常有見識，抓住了生物演化中的兩個最基本的活動。人類對美食的愛好，已經超出了「攝入營養」的目的，像人類的性活動超出了「生殖目的」一樣，都成為對「回饋效應」本身的追求。

對於高等動物，特別是人類，光有生理上的回饋感覺是不夠的，我們還有精神上對異性的欣賞和追求，其中的化學和生理過程就更複雜了。初戀時，血液中神經生長因子（nerve growth factor）的濃度會增加；性渴求時，性激素（睾酮 testosterone 和雌激素 estrogen）的分泌會加速；在愛戀期大腦會分泌多種神經傳導物質，包括多巴胺、腎上腺素（norepinephrine）和 5- 羥色胺（serotonin）使人產生愉悅感、心跳加快、不思飲食和失眠；配偶間長期的感情關係，則由催產素（oxytocin）和抗利尿激素（vasopressin）來維持。催產素的作用並不只是促進分娩，而是和母愛、對配偶的感情（無論男女）有密切關係。抗利尿激素的結構和催產素相似，它的功能也不僅是收縮血管，而且也和配偶之間關係的緊密程度有關。

性活動所導致的生理上的快感和精神上「愛」的感覺都非常強烈，二者的結合使幾乎所有的人都無法抗拒有性生殖帶給我們的這種巨大的驅動力。人類細緻入微的精神感受和各種形式的藝術表達能力，更使「愛」的感覺上升到崇高和神聖的境界，為人類共享。只要看看流行歌曲中有多少是歌唱「愛」、看看有多少文學名著以愛情為題材，就可以知道「有性生殖」對我們精神和生活的影響有多大。恩

格斯在他的著作《家庭，私有制和國家起源》中說：「人與人之間，特別是兩性之間的感情關係，是從有人類以來就存在的。性愛，特別是在最近八百年間，獲得了這樣的意義和地位，竟成了這個時期中一切詩歌必須環繞著旋轉的核心。」這種狀況在可預見的將來，還會持續下去。

人是從動物演化而來，所以人類對性活動的強烈反應不是憑空出現，而是繼承和發展了許多動物性活動的特點。我們無法直接測定動物對「性」和「愛」的感覺，但是我們可以從動物的行為中，推測到有性生殖對動物的影響。

動物多姿多彩的「有性生活」

動物之間的愛戀之情可以被觀察到，一些處於「戀愛期」的雌鳥和雄鳥（如斑鳩）會緊臥在一起；鯨魚在交配前要彼此摩擦身體，像情人之間的愛撫；處於生殖期的斑胸草雀（zebra finch）會發出「昵聲」；斑頭雁失去配偶時，會發出哀鳴聲，並且永不再「婚」。這些現象都說明，許多動物對於配偶是有感情的，不過對於動物來說，把基因傳下去是最重要的任務，無論是對性活動的回饋，還是牠們對異性的欣賞，都是為了獲得交配權，使性活動得以進行。

雄性動物為了獲得交配權，常常採取「武力競爭」的方式，即直接打鬥。只有最健康、最強有力的雄性動物能戰勝其他雄性對手，取得交配權；另一種不是透過打鬥，而是雄性用外貌、舞蹈、聲音、物品、築巢等手段吸引雌性。一般來講，只有最健康、表現最好（這也直接和雄性動物的健康狀況和「綜合能力」有關）的雄性能夠取得雌

性的青睞。有的雄性動物是兩種方法並用：它們會用各種方法取悅雌性，同時用打鬥把別的雄性趕走。

這樣的例子不勝枚舉，比如雄孔雀絢麗的長尾巴再加上「開屏」的動作，在求偶中就發揮了重要的作用。如果把這些羽毛上最具吸引力的「眼睛」（靠近羽毛尾端的圓形圖案）剪掉，這隻雄孔雀就失去了吸引雌孔雀的能力；把非洲「寡婦鳥」（widow bird）雄性的長尾巴剪掉，接到另一隻雄寡婦鳥的尾巴上，那隻具有超長尾巴的雄鳥就最具吸引力，而被剪掉尾巴的雄鳥則「無鳥問津」；具有色澤鮮豔的大雞冠的公雞，和具有最長的、顏色最鮮豔尾巴的「劍尾魚」（swordtail fish）最討雌性的喜歡；叫得最響的「泡蟾」（tungara frog）對雌性最有吸引力；雌蟋蟀最喜歡叫聲最複雜的雄性。

有些雄性動物為了把自己的基因傳下去，採取了非常匪夷所思的行動。

雄海馬的身上長有育兒囊，只要成功地誘使雌海馬把卵產到育兒囊中，就可以保證只有自己的精子能使這些卵子受精，這不是先爭奪交配權，而是先奪取卵子。有些雄海馬甚至在育兒囊中發育出類似胎盤的結構，給發育中的小海馬提供營養。

一種雄蛾與雌蛾交配後，會在雌蛾的身上留下一種對其他雄性具有排斥性的化合物苯乙腈（benzyl cyanide），阻止其他雄蛾再來交配。

澳大利亞的 Cuttlefish（一種烏賊）懂得使用欺騙手段，當較小的雄烏賊知道打不過正在向雌烏賊「獻媚」的大烏賊時，牠會在顏色和動作上模仿雌烏賊，使大烏賊對自己失去警惕。一旦時機適合，牠會立即和母烏賊交配，然後迅速逃跑。這樣聰明的小烏賊，牠的基因

代代相傳是有望的，因為牠的後代也許也會使用同樣的欺騙手段。

有些雄性動物為了把自己的基因傳下去，甚至會自我犧牲。有些雄蜘蛛在交配完成後，甘願被雌蜘蛛吃掉；另一種蜘蛛（yellow garden spider，Argiope aurantia）在把性器官插入雌蜘蛛的體內後，在幾分鐘之內就會心跳停止而死亡。牠的遺體就成了「貞操帶」，防止其他雄蜘蛛與這隻雌蜘蛛交配。

更匪夷所思的是一種深海的鮟鱇魚（anglerfish），雄性比雌性小得多，而當雄性找到雌性時，就把自己的嘴吸到雌魚身上，嘴上的皮膚接著就與雌魚的皮膚融合，然後雄魚所有的器官都開始退化，只剩下睪丸能運作，由雌魚終生供給營養。透過這種手段，不管是雄魚「寄生」在雌魚身上，還是雌魚把雄魚變成了自己的一個器官，還是雄魚和雌魚共同組成了一個「雌雄同體」的新生物體，總之雄魚的交配目的達到了。

雄獅子之間在傳基因上的競爭可以說是很慘烈，雄獅常常會殺死牠想要的雌獅子和其他雄獅所生的後代。為了減少這種情況，東非的雌獅採取了一個聰明的辦法，就是先交配，後排卵。只有雌獅確信交配的雄獅不會被其他雄獅取代時，牠才會排卵。

雄性黑猩猩的身體只有大猩猩的 1/4 大，睪丸大小卻是大猩猩的四倍。原因也許是大猩猩對自己的「妻妾」具有絕對的控制權，所以不需要許多精液就能保證把自己的基因傳下去；而黑猩猩群交，沒有固定的配偶，雄性黑猩猩為了增加自己的基因被傳下去的機會，就只有增加精液的量。

生物這些千奇百怪的性行為其實只有一個目的：就是有效地用有性生殖，使得物種能夠繁衍下去。

「孤雌生殖」和「世代交替」

　　既然有性生殖比無性生殖優越，是不是所有的多細胞生物都完全使用有性生殖的方式呢？也不是。因為無性生殖也有其優點，就是簡單有效。動物是很聰明的，在無性生殖對物種繁衍更有效的情況下，就會採取無性生殖。

　　比如，蚜蟲靠吸取植物汁液生活。在夏季，植物繁茂，食物非常豐富，這個時候迅速增加個體數、盡可能多地搶占地盤對蚜蟲最有利，而進行麻煩的有性生殖反而會耽誤蚜蟲的時間。這個時候，母蚜蟲就會透過有絲分裂產生一種生殖細胞，其遺傳物質和母體細胞一模一樣，也是雙套，不需要受精就可以發育成小蚜蟲。這些受精卵在媽媽體內發育成小蚜蟲，再由媽媽生下來，好像有胎盤的動物分娩，所以這種生殖方式叫做孤雌生殖（parthenogenesis and viviparity）。這些小蚜蟲都是雌性，更神奇的是，小蚜蟲還在媽媽體內的時候，就已經開始孕育自己的下一代了。用這種「接力」的方式，蚜蟲幾天到十幾天就能繁育一代。

　　到了秋天，食物開始匱乏，雌蚜蟲就用「孤雌生殖」的方式，同時產出雌蚜蟲和雄蚜蟲。雌蚜蟲有兩套染色體，XX 和 AA，其中 X 是性染色體，A 是體染色體。雌蚜蟲在要用孤雌生殖的方式產生雄蚜蟲時，就在形成生殖細胞的過程中使一條 X 染色體消失，這樣的生殖細胞不經受精發育成的就是雄蚜蟲（也即性別決定的 XO 系統）。後代的雌蚜蟲和雄蚜蟲進行交配，產下的受精卵在樹枝上過冬，來年春天再孵化成雌蚜蟲，進行孤雌生殖。這種把有性生殖和無性生殖交替使用的方式叫做世代交替（alternation of generations），為一些

低等動物所用。用這種方式，動物既可以在環境優越時用無性生殖的手段迅速增加數量，又可以用有性生殖來增加遺傳物質的多樣性，兩種繁殖方式的好處這些動物都得到了。

不過這種「世代交替」一般只適合生殖週期短的生物，對於數年才能繁殖一代的動物，這種方式就很難有什麼優越性。所以只有在極罕見的情況下，才可以看見一些大型動物（如鯊魚、火雞）進行孤雌生殖。

細菌和病毒也懂得「性」？

有性生殖的主要好處，是使不同個體之間的遺傳物質能夠結合和交換，使其多樣化。細菌和病毒雖然不能進行精子和卵子融合這樣的有性繁殖方式，但是也會採取一些手段達到類似目的。

例如病毒，基本上就是遺傳物質外面包上蛋白質和一些脂類，沒有細胞結構，靠自己是無法繁殖的；但是一旦進入細胞，它就可以借用細胞裡面現成的原料和系統複製自己。病毒在細胞內複製自己時，不同病毒顆粒的遺傳物質就可能相遇，也就有機會進行遺傳物質的交換。不僅如此，病毒重組自己遺傳物質的能力更強，重組不但可以在相似的（同源的）遺傳物質之間發生，還可以在不相似的遺傳物質之間發生，甚至和被入侵細胞的遺傳物質之間也可以進行交換。研究表明，病毒遺傳物質的重組發生得非常頻繁，是病毒演化的主要方式。

許多病毒以 RNA（核醣核酸），而不是 DNA（去氧核醣核酸）為遺傳物質，而且病毒的 RNA 通常是單鏈。如何在單鏈 RNA 分子之間交換訊息，是一個有趣的問題，也有各種假說和猜想。一種假說

是：病毒在複製自己的 RNA 時，有關的酶可以從一個 RNA 分子上「跳」到另一個 RNA 分子上，這樣用兩個 RNA 分子作為模板複製出來的 RNA 分子自然是兩種 RNA 分子的混合物。

另一種遺傳物質進行重組的方法，是交換彼此的 RNA 片段。許多病毒的 RNA 不是一個分子，而是分成若干片段。在進行 RNA 重組時，來自不同顆粒的片段就可以進行交換。比如許多流感病毒的遺傳物質是由八個 RNA 片段所組成，如果人的 A 型流感病毒和禽流感病毒同時感染豬，它們的遺傳物質就在豬細胞裡相遇，就有可能形成兩種病毒的混合體。1957 年流行的亞洲流感病毒（influenzavirus A subtype，如 H2N2）的八個 RNA 片段中，有五個片段來自人的流感病毒，三個片段來自鴨流感病毒。在中國 H7N9 流感的病例中，病毒的 RNA 片段有六個來自禽流感病毒，但是為凝集素（H）和神經氨酸酶（N）編碼的 RNA 片段來源不明，說明這種病毒很可能也是透過 RNA 片段的交換而形成。

病毒的這些交換遺傳物質的方式，雖然不是典型的有性生殖，但是也非常有效，並且可以對人類的健康造成重大威脅。把這些過程看成病毒的「性活動」也未嘗不可，只是沒有細胞融合的過程，也沒有明確的雌性和雄性之分。

細菌交換遺傳物質的一種方式也很有趣，稱為細菌接合（bacterial conjugation）。一個細菌和另一個細菌之間建立臨時的 DNA 通道，把自己的一部分遺傳物質傳給另一個細菌。細菌接合可以發生在同種細菌之間，也可以發生在不同種的細菌之間，轉移的基因常常是對接受基因的細菌有利，比如抵抗各種抗生素的基因、利用某些化合物的基因等，所以是細菌之間「分享」對自身有益基因的有效方式。

某種細菌一旦擁有了對抗某種抗生素的基因，就可以用這種方式迅速傳給其他細菌，讓其他細菌也能抵抗這種抗生素。

在細菌接合中，遺傳物質是單向傳播的，細胞之間只有短暫的通道，而沒有細胞融合，所以不是典型的有性生殖，但其後果也和病毒遺傳物質的「重組」一樣嚴重。有人把供給遺傳物質的細菌看成「雄性」細菌，把接收遺傳物質的細菌看成「雌性」細菌，多半是一種比喻，因為細菌在用這種方式獲得遺傳物質後，又能提供給其他細菌。

細菌和病毒的「性行為」說明，遺傳物質的交換和「重組」對各種生物都有巨大的好處，因此所有的生命形式都用適合自己的手段來做到這一點。多細胞生物的有性生殖形式，不過是把其中的一種手段定型化而已。

性染色體的 XY、ZW 系統和性別決定基因

在討論與有性生殖有關的各種現象之後，一個自然的問題就是，生物的性別是如何被決定的？是什麼機制讓身體大部分功能（比如呼吸、心跳、消化、排泄）相同的生物體向不同的方向發展，以致成為不同性別的個體？

地球上的生命在分子層面上非常單調，這些生命都用核酸（DNA或 RNA）來儲存遺傳訊息，用同樣的四種核苷酸來建造核酸，用同樣的二十種氨基酸合成蛋白質，用同樣的高能量化合物（ATP 等）來支持各種需要能量的生命活動。

進行有性生殖的動物，使用的性激素也相同或相似，比如所有的雄性哺乳動物、鳥類、爬蟲類動物都使用睪酮（testosterone）作

為主要雄性激素，魚類則是結構類似的 11- 酮睪酮（11-ketotestosterone），昆蟲也使用結構類似的蛻皮酮（ecdysone）。同樣，所有的雌性脊椎動物都分泌雌激素，而昆蟲也分泌同樣的雌激素雌二醇（estradiol）和雌三醇（estriol）。從這些事實我們自然會預期，動物的性決定機制也是彼此類似、一脈相承的，但實際觀察到的現象卻令人困惑。

對於哺乳動物來講，我們熟悉性染色體決定性別，比如人有 23 對染色體，其中 22 對彼此非常相似，叫做體染色體（autosome）；另一對在女性細胞中相似，在男性細胞中不同，叫做性染色體（sex chromosome），大的叫做 X 染色體，小的叫做 Y 染色體。細胞裡有兩個 X 染色體的是女性（XX），有一個 X 染色體和一個 Y 染色體的是男性（XY）。

其他哺乳動物的染色體數不同，但是也用 X 和 Y 來決定性別，XX 是雌性，而 XY 是雄性。除了哺乳動物，一些魚類、兩棲類、爬蟲類動物以及一些昆蟲（如蝴蝶）也使用 XY 系統來決定性別。

但是鳥類決定性別的染色體卻不同，具有兩個相同的性染色體（叫做 Z，以便與 XY 系統相區別）的鳥是雄性（ZZ），而具有兩個不同染色體的（ZW）反而是雌性。除了鳥類，某些魚類、兩棲類、爬蟲類動物以及一些昆蟲也使用 ZW 系統。

既然 XY 染色體和 ZW 染色體都是決定性別的染色體，它們所含的一些基因應該相同或相似吧？但出人意料的是，XY 染色體裡面的基因和 ZW 染色體裡面的基因沒有任何共同之處。就算是同為 ZW 系統，蛇的 ZW 染色體和鳥類的 ZW 染色體也沒有共同之處。

XY 系統的一個變種就是 XO 系統，主要為一些昆蟲所使用，有

兩個 X 染色體的是雌性（XX），只有一個 X 染色體的是雄性（XO）。這裡 O 不表示一個性染色體，而是表示沒有（缺乏）這個染色體，比如有些果蠅，XX 是雌性，XO 是雄性。蝗蟲也是 XX 為雌性，XO 為雄性。既然有 Y 染色體的動物是雄性，沒有 Y 的動物怎麼也能成為雄性呢？而在人身上，如果缺乏 Y 染色體，細胞只有一個 X 染色體（所以相當於 XO 的情況），將發育成女性，儘管是不正常的女性（如卵巢不能正常發育），叫做透納氏症候群（Turner's syndrome）。

ZW 系統也有一個變種，就是 ZO 系統，其中 ZZ 是雄性，ZO（O 也表示缺失）是雌性。一些昆蟲（如蟋蟀、蟑螂）就使用 ZO 系統。如果 W 對於生物發育成雌性是必要的，沒有 W 的動物又是如何發育成雌性的呢？

同樣為哺乳動物的鴨嘴獸，卻有五條不同的 X 染色體和五條不同的 Y 染色體。雌性為 $X_1X_1X_2X_2X_3X_3X_4X_4X_5X_5$，而雄性為 $X_1Y_1X_2Y_2X_3Y_3X_4Y_4X_5Y_5$。雖然都叫 X 染色體，鴨嘴獸的所有五條 X 染色體和哺乳動物的 X 染色體卻沒有任何共同之處，反而像鳥類的 Z 染色體。

如果這些現象還使人不夠困惑，一些昆蟲決定性別的機制就更奇怪。比如蜜蜂和螞蟻，雌性和雄性的遺傳物質相同，只是雌性的遺傳物質比雄性多一倍，叫做性別決定的套數性別決定系統（haplodiploidy），雙套的動物是雌性，而單套的動物是雄性。螞蟻未受精的卵是單套，不經受精就可以發育成螞蟻，這樣的螞蟻都是雄性，不工作，只負責交配，而受精卵（雙套）則發育成雌性（蟻后或工蟻）。這就產生了一個奇怪的現象：雄螞蟻沒有「父親」，也沒有「兒子」，

卻有「外祖父」和「外孫」。

不管多奇怪，這些動物的性別還是由遺傳因素決定，有些動物的性別決定還受外部因素的影響，在遺傳物質不變的情況下改變性別。比如外界溫度就可以影響一些動物的性別，而且有兩種方式：一種方式是高溫產生一種性別，低溫產生另一種性別，比如海龜，溫度高於 30℃時孵化出的海龜為雌性，而溫度低於 28℃時孵化出的海龜則為雄性；另一種方式是高溫、低溫都產生某一性別，中間溫度產生另一性別，比如「豹紋壁虎」（leopard gecko），在 26℃時只發育為雌性，30℃時雌多雄少，32.5℃時雄多雌少，但是到了 34℃又都是雌性。

有些動物還能「變性」，隨環境條件改變自己的性別。比如住在海葵裡面的小丑魚（clownfish，美國動畫片《海底總動員》，Finding Nimo 中的主角）群體中，最大的為雌性，次大的為雄性，其餘更小的則與生殖無關；而如果雌性小丑魚死亡，次大的雄性小丑魚就會變成雌性，取代她的位置，而原來沒有生殖任務的小丑魚中，最大的那一隻就會變成雄魚，取代原來次大的雄魚。

這些情況說明，僅從性染色體或者遺傳物質的總體水準，難以真正了解性別決定機制，還應該研究決定性別的基因，因為性別的分化畢竟是靠基因的表達來控制。

決定人性別的基因的線索來自所謂的「性別分化障礙」：有些人的性染色體形式明明是 XY，卻表現為女性，而一些 XX 型的人卻表現為男性。研究發現，一個 XY 女性的 Y 染色體上有些地方缺失，其中一個缺失的區域含有一個基因。如果這個基因發生了突變，XY 型的人也會變成女性。而如果含有這個基因的 Y 染色體片段被轉移

到了 X 染色體上，XX 型的人就會表現為男性。這些現象說明，這個基因就是決定受精卵是否發育為男性的基因，Y 染色體上含有這個基因的區域，叫做 Y 染色體性別決定區（sex-determining region on the Y chromosome，SRY），這個基因也就叫做 SRY 基因。進一步研究發現，許多哺乳動物（包括有胎盤哺乳動物和有袋類哺乳動物）都有 SRY 基因，所以 SRY 基因是許多哺乳動物的雄性決定基因。

SRY 基因不會直接導致雄性特徵發育，而是透過由多個基因組成「性別控制鏈」。SRY 基因的產物先是活化 SOX9 基因，SOX9 基因的產物又活化 FGF9 基因，然後再活化 DMRT1 基因。這個「性別控制鏈」上的基因，如 SOX9 和 FGF9，會抑制卵巢發育所需要的基因（比如 RSPO1、WNT4 和 β-catenin）的活性，使得受精卵向雄性方向發展。

如果沒有 SRY 基因（即沒有 Y 染色體），受精卵中其他的一些基因（比如前面提到的 RSPO1、WNT4 和 β-catenin）就會活躍起來，促使卵巢生成。這些基因會抑制 SOX9 基因和 FGF9 基因的活性，使睪丸的形成過程受到抑制，所以男女性別的分化是兩組基因相互「鬥爭」的結果。

DMRT1 基因位於哺乳動物中性別控制鏈的「下游」，人和老鼠 DMRT1 基因突變都會影響睪丸的形成，說明 DMRT1 基因和雄性動物的發育直接相關；不僅如此，它還是鳥類的雄性決定基因，而且位於鳥類性別分化控制鏈的「上游」（它的「前面」沒有 SRY 這樣的基因）。DMRT1 基因位於鳥類的 Z 性染色體上。不過和人 Y 染色體上的一個 SRY 基因就足以決定雄性性別不同，一個 Z 染色體上的 DMRT1 基因還不足以使鳥的受精卵發育成雄性，而是需要兩個 Z

染色體上面都有 DMRT1 基因，所以擁有一個 DMRT1 基因的鳥類（ZW 型）是雌性。

DMRT1 也是決定一些魚類雄性發育的基因。比如日本青鱂魚（Japanese medaka fish）和哺乳動物一樣，也使用 XY 性別決定系統。不過這種魚的 Y 染色體並不含 SRY 基因，而是含有 DMRT1 基因的一個類似物，叫做 DMY。它和哺乳動物 Y 染色體上的 SRY 一樣，單個 DMY 基因就足以使魚向雄性方向發展，而不像鳥類 Z 染色體上的 DMRT1 基因那樣，需要兩個基因（即 ZZ 型）才具有雄性決定能力。

DMRT1 基因「變身」後，還能成為雌性決定基因。比如使用 ZW 性別決定系統的爪蟾，在其 W 染色體上含有一個被「截短」了的 DMRT1 基因，叫做 DM-W。因為其產生的蛋白質不完全，所以沒有 DMRT1 的雄性決定功能。DM-W 雖然在雄性決定上「成事不足」，卻「敗事有餘」，它能干擾正常 DMRT1 基因的功能，使雄性發育失敗，所以帶有 DM-W 基因的 W 染色體的爪蟾是雌性。

DMRT1 基因的類似物，甚至能決定低等動物的性別，比如果蠅含有一個基因叫雙性基因（doublesex），它轉錄的 mRNA 可以被剪接（splice）成兩種形式，產生兩種不同的蛋白質，其中一種使果蠅發育成雄性，另一種使果蠅發育成雌性。DMRT1 的另一個類似物，「mab-3」和線蟲（C.elegans）的性分化有關。其實 DMRT1 這個名稱就是英文 doublesex and mab-related transcription factor 1 的縮寫，說明這個基因有很長的演化歷史，是從低等動物到高等動物（包括鳥類和哺乳類）反覆使用的性別決定基因。哺乳動物不過是發展出了 Soy9 和 SRY 這樣的「上游」基因來驅動 DMRT1 基因而已。

因此在基因水準上，動物決定性別的機制還是比較一致的。

DMRT1 基因雖然是決定動物性別的核心基因，但是在一些哺乳動物中，其地位卻受到排擠，不僅被擠到了性別決定鏈的「下游」，而且被擠出了性染色體。比如人的 DMRT1 基因就位於第 9 染色體上，老鼠的 DMRT1 基因在第 19 染色體上。這可以解釋為什麼哺乳動物的 XY 和鳥類的 ZW 都是性別決定基因，牠們之間卻沒有共同基因，因為牠們所含的性別「主控」基因不同，在哺乳動物是 SRY，在鳥類則是 DMRT1。

人類的男性會消失嗎？

無論是 XY 系統還是 ZW 系統，能具有雙份的性染色體（比如哺乳動物雌性中的 XX 和鳥類雄性中的 ZZ）都比較穩定，因為它們和總是成對的體染色體一樣，擁有「備份」，可與相互作為模板為對方「糾錯」；但是單一的染色體，比如哺乳動物的 Y 染色體和鳥類的 W 染色體，就沒有這麼幸運了。它們因為擁有和另一個染色體不同的 DNA，和對方不能有效地「配對」，被「糾錯」的機會也比較小，錯誤和丟失就會不斷積累。所以哺乳動物的 X 染色體和鳥類的 Z 染色體都比較大，也比較穩定，而哺乳動物的 Y 染色體和鳥類的 W 染色體就比較小，而且「退化」很快。

性染色體，據信是由體染色體發展而來。一旦一對體染色體中的一個獲得了性別決定基因，它的 DNA 序列就和另一個有所不同了，這就會影響它的配對，也是它退化的開始。在性染色體演化的過程中，還會和體染色體交換遺傳物質，這樣原來在性染色體上面的性別

決定基因，也可以被轉移到體染色體上面去，比如 DMRT1 基因就已經不在人的性染色體上了。

據估計，人的 Y 染色體在過去的三億年間（從哺乳動物和爬行動物分開時算起）已經失去了 1393 個基因，也就是每一百萬年丟失約 4.6 個基因。現在，Y 染色體只剩下幾十個基因，按照這個速度，再一千萬年左右，Y 染色體上的基因就會全部消失，也許其中也包括性別決定的 SRY 基因。有人憂慮：那時「男人」也許就不存在了。

但是，如果比較人和黑猩猩的 Y 染色體，就會發現從約五百萬年前人類和黑猩猩「分道揚鑣」以後，並沒有失去任何基因。在兩千五百萬年前人和恆河猴（rhesus macaque）分開以後，也只失去了一個基因，說明每一百萬年丟失 4.6 個基因的推論是不正確的，人類 Y 染色體在過去幾千萬年中的退化，也許並不如想像的那麼快。

究其原因，也許是因為人類的 Y 染色體上有八個迴文結構（palindrome），即正讀和倒讀都一樣的 DNA 序列，總共有 570 萬鹼基對（bp），這是 Y 染色體的一些片段複製自己，又反向連接所造成。這些迴文結構相當於 Y 染色體上的一些 DNA 序列自行備份，可以造成體染色體的「雙份效果」，所以 Y 染色體現在還是有保有穩定性機制。

而且，就算 Y 染色體有一天真的消失了，男人也不一定消失。XO 型的蝗蟲就沒有 Y 染色體，但是也發育成為雄性；日本一種老鼠，叫做「裔鼠」（ryukyu spiny rat），沒有 Y 染色體（相當於 XO 系統），但是一樣有雌雄之分，也許牠們已經發展出一個基因，可以替代 SRY 基因的作用。

生物在性別決定機制上非常靈活，我們不必為男性的將來擔憂。

有性生殖是最有利於物種保存和繁衍的生殖方式，演化過程一定會把
這種繁殖方式維持下去。我們可以繼續享受有性生殖帶給我們的多姿
多彩的「有性生命歷程」，包括刻骨銘心的愛情和溫馨的家庭生活。

5.2 器官排斥和配偶選擇

MHC 和器官排斥

隨著醫學的進步，許多醫學難題也得以解決，器官移植就是一個例子。

一個人的某個器官（如腎臟、肝臟）壞了，用另一個人健康的器官替換，常常可以挽救這個人的生命。在器官移植中，最困難的就是找到匹配的器官，否則就會造成無法控制的器官排斥。被移植的器官被接受移植的人的身體當作「外來物」而加以攻擊，使移植失敗。無論是在中國還是在外國，等待配對器官的人數，總是多於能夠找到的配對器官數。每年都有許多患者因為等不到合適的器官，而在失望中結束生命。為什麼會有器官排斥呢？器官配對為什麼這麼困難呢？

從基因的角度來看，這似乎有些難以理解：人與人之間 DNA 序列的差別非常小，還不到 0.1%。也就是說，不同的人不僅所擁有的基因類型彼此相同，每個基因的差別也很小。因此，基因的產物——蛋白質，也只有微小的差別，一般只有個別氨基酸單位不同。這也沒有什麼可奇怪的，因為絕大多數的蛋白質在不同人體中執行的功能相同，就不能變化很大。

　　例如使葡萄糖進入細胞的胰島素，不僅不同人身上的胰島素完全相同，就是不同的動物如牛和豬，它們的胰島素也和人的極其相似（都是由 51 個氨基酸組成，其中人和豬的胰島素只有 1 個氨基酸單位不同，人和牛的胰島素有 3 個氨基酸單位不同），所以也可以用在人身上。在用基因工程大規模生產人胰島素之前，糖尿病患者一直使用從豬和牛身上提取的胰島素，而且只有不到 2% 的人產生免疫反應。這些反應還主要不能歸罪於胰島素本身，而是這些胰島素製劑裡面的添加劑。既然蛋白質分子可以「移植」，為什麼器官就不行呢？在不同人的器官中，是不是有一些基因和它們編碼的蛋白質有顯著區別呢？

　　科學家對器官排斥現象進行了詳細的研究，發現有一類基因的產物（蛋白質）在排斥過程中有主要影響。因為這些蛋白質與不同生物體器官之間的相容性有關，所以它們被叫做主要組織相容性複合體（major histocompatibility complex，MHC）。不同的人身上的 MHC 有明顯的不同，是造成組織排斥的主要原因。除人以外，所有的脊椎動物都有 MHC，所以 MHC 已經有很長的演化歷史。

　　MHC 又是什麼分子呢？為什麼在不同人身上它們有顯著的不同呢？這就要從人與微生物之間的關係說起。

　　微生物是地球上最早出現的生物，其存在歷史已經有約四十億年，至今在地球上廣泛存在。牠們種類繁多，數量巨大，生活方式多種多樣，而且能夠迅速改變自己以適應不斷變化的環境，所以生存能力極強。它們能用一切想得到和想不到的方式獲得能源和新陳代謝所需的物質。高至幾一萬公尺的高空，深至地表以下幾千公尺，熱至蒸氣滾滾的熱泉，冷至極地的寒冰，都能找到微生物的蹤跡。

　　地球上的動物（包括人）就是在這種微生物無處不在的環境中生活的，與各種微生物的關係也非常複雜。由於微生物的多樣性，許多微生物與我們的生活沒有直接關係，比如植物根部的固氮菌、海洋裡的藍綠菌、溫泉裡面的硫細菌等。有些微生物選擇了與動物以「平等互利」的方式和平共處，比如人的鼻孔裡有兩千多種細菌、舌頭上有八千多種細菌，這些細菌多數對人體無害，還能防止有害細菌定居。最多的是人的腸道中的細菌，有三萬多種，總數超過人體總細胞數的十倍，總共有八百多萬個基因，是人體基因數（2 萬～ 2.5 萬）的三百多倍，能幫助消化食物、合成維生素、調節身體的免疫系統並且抵抗有害微生物的入侵。

　　不過這些微生物和我們共生有一個條件，就是不能進入我們身體。腸道和口腔看上去在體內，其實是和外界相通，它和呼吸道一樣，只不過是人體的「內表面」；要是微生物真的進入體內，而我們的身體不聞不問，那就很嚴重了。我們體內的環境是為自己的細胞精心準備的，營養全面而充足、酸鹼度合適、各種微量元素平衡。特別是恆溫動物，三十幾攝氏度的體溫，簡直就是許多微生物生長的天堂。在這種環境裡，在體外時「好」的細菌（包括腸道細菌）也會變「壞」，給人體造成傷害。比如皮膚有傷口時，原來在皮膚上的細菌就會進入體內，使傷口化膿；腸道穿孔時，原來無害的腸道細菌就會進入腹腔，造成嚴重感染；更不要說那些「專業」的致病微生物，比如結核菌、綠膿桿菌、炭疽桿菌、肝炎病毒、愛滋病病毒，它們的生存方式就是「鑽進」我們身體，在那裡大吃特吃，繁衍後代。所以動物必須防止微生物進入自己的身體，動物身體表面那層緊密排列的細胞，就是阻擋微生物進入身體的第一道屏障。

　　除了被動阻擋以外，動物還發展出了主動的自衛方法，在微生物進入體內時能夠識別和消滅，這就是動物的免疫系統。要自衛，首先就要能分清敵我。許多微生物表面都有生存所需要的特殊分子，比如鞭毛裡面的鞭毛蛋白質以及特殊的脂蛋白和脂多醣等，動物就利用這些特殊分子，發展出能夠與這些分子結合的蛋白質（稱為受體，比如一類重要的這種受體就是類鐸受體）。一旦這些受體與微生物上面的分子結合，就會給動物細胞一個信號。細胞接收到信號後，就會把這些被結合的微生物吞進去，再把對方消滅。

　　人體內也有類鐸受體，但是這還不夠。人體比低等動物如水螅和蚊子要大和複雜得多，接觸的微生物種類也很多。而且人要生活幾十年，更要應對微生物的反覆攻擊，病毒入侵人的身體後還會躲在細胞內，從細胞外面也看不見。由於這些原因，人體需要更精密完善的偵察系統，來發現和消滅侵入身體的微生物。

　　MHC 就是這種偵察系統的重要部分，它的作用就是向免疫系統「報告」身體裡面是否有外敵入侵。有這種作用的 MHC 有兩種：第一種報告細胞內有沒有病毒入侵，叫 MHC Ⅰ；第二種報告細胞外面的情況，有沒有細菌入侵，叫 MHC Ⅱ。

　　MHC 是怎樣「報告敵情」的呢？任何生物（包括病毒）都需要一些特有的蛋白質才能生存，所以檢查有沒有外來微生物的蛋白質，就是發現敵人的有效手段。

　　人體裡面幾乎所有的細胞（除紅血球外）都有 MHC Ⅰ。這些細胞取樣細胞裡面的各種蛋白質，即把它們「切」成 9 個氨基酸左右長短的小片段，把這些小片段結合於 MHC Ⅰ上，再和 MHC Ⅰ一起被轉運到細胞表面。MHC Ⅰ就像檢查員，「手」舉著蛋白質片段向免

疫系統說：「看，這個細胞裡面有這種蛋白質！」如果檢舉的是細胞自己的蛋白質片段，免疫系統就會置之不理；但是如果細胞被病毒入侵，產生的病毒蛋白質就會這樣被 MHC Ⅰ「告密」，免疫系統就知道這些細胞被病毒感染了，就會把這些細胞連同裡面的病毒一起消滅掉。

MHC Ⅰ 的另一個作用，就是「檢舉」腫瘤細胞。腫瘤細胞雖然是從人體自身的細胞變化而來，但是由於一些腫瘤細胞裡面 DNA 的變化，會形成一些原來沒有的蛋白質，有些腫瘤細胞還會把一些蛋白質的濃度，從以前被免疫系統測不到的低濃度（所以不被免疫系統辨識）提高到可以測到的高濃度。這些蛋白質也會被 MHC Ⅰ「檢舉」，讓免疫系統知道這些細胞已經癌變了，也會加以消滅。我們的身體裡面常常有腫瘤細胞形成，只不過它們中的一些被 MHC「檢舉」，而被免疫系統消滅，沒有發展起來罷了。

對於細胞外面的細菌，人體有專門的細胞（比如巨噬細胞和樹突狀細胞）吞食。被吞食的細菌被殺死，蛋白質也被切成小片段，不過這些小片段不是結合於 MHC Ⅰ 上，而是結合於 MHC Ⅱ 上，和 MHC Ⅱ 一起被轉運到細胞表面，向免疫系統報告：「你看，我們的身體裡面有細菌入侵！」。免疫系統就會生產針對這種細菌蛋白質的抗體（能夠特異地結合外來分子的蛋白質分子），將這些細菌標記，再由免疫系統的其他成分加以消滅。

對於被細胞表面所呈現的蛋白質分子小片段，MHC 就好比是「證人」，由它呈現的片段才可信，從而被免疫系統所認可。

無論是人體自身的蛋白質，還是微生物的蛋白質，都有千千萬萬種。它們產生的片段也多種多樣。為了結合這些蛋白質片段，只

靠一種 MHC 是不行的。所以人體中含有多個 MHC，各有不同的基因編碼。比如人的 MHC I 就主要有 A、B 和 C 三個基因。它們的蛋白質產物和另一個基因的產物（β2 微球蛋白）一起，共同組成 MHC I。其中 A、B、C 基因的蛋白質產物就可以結合蛋白質小片段，β2 微球蛋白不參與小片段結合。

由於人的細胞是雙套，即有來自父親和母親的各一套基因，每個細胞都有兩個 A 基因，兩個 B 基因和兩個 C 基因，所以每個細胞都有 6 個主要的 MHC I 基因。

對於 MHC II，情況要複雜一些。MHC II 分子也主要有三大類，分別是 DP、DQ 和 DR。它們對於蛋白質小片段的結合點是由兩個蛋白質分子（分別叫做 α 和 β）共同組成的，而且 MHC II 不含有 β2 微球蛋白。α 和 β 這兩個蛋白質分別由 A 和 B 兩個基因編碼（不要和 MHC I 中的 A、B、C 基因混合）。所以 DP 複合物的形成需要 DPA1 和 DPB1 兩個基因。同理，DQ 複合物也需要 DQA1 和 DQB1 兩個基因。DR 複合物的情況更複雜，一個 α 蛋白質可以和四種 β 蛋白質中的一種配對，所以有 DRA、DRB1、DRB3、DRB4、DRB5 這 5 個基因。

不僅如此，這些基因中的每一個都有不同的變種，比如 MHC I 的 A、B、C 基因，每一個都有超出一千個變種。雖然有這麼多個變種，但是每個人只能具有其中的兩種（從父親那裡得到一種，從母親那裡得到另一種）。由於變種的數量是如此之大，每個人得到這些基因中的某一個變種的情形又是隨機的（要看父親和母親具有的是哪一個變種），光是 MHC I 的 A、B、C 基因的組合方式就至少有一千的六次方種組合方式！這已經遠遠超出地球上人口的總數。如果再

把 MHC II 的情況考慮進去，MHC 基因的組合方式就更多了。所以地球上沒有兩個人的 MHC 組合情況是一樣的，除非是同卵雙胞胎。

每個 MHC 基因都有許多個變種，這些變種編碼的蛋白質也自然會彼此有區別，比如對各種蛋白質小片段的結合緊密度上就會有差別。由於每個人都只能獲得每個基因變種中的兩個，獲得的變種類型會與別人不同，所以對外來蛋白質分子的反應就不完全一樣。這可以解釋為什麼有的人對某種物質過敏，其他人卻沒事。例如有的人對小麥麵粉中的「麩質」（gluten）過敏，吃含有麩質的食物會產生腹瀉，但是其他人卻沒有反應。研究發現，這些過敏的人所含的 MHC II 基因中有 DQ2.5（由 DQA1*0501 基因和 DQB1*0201 基因組成）。這個 DQ 變種能夠緊密地結合由麩質產生的多個蛋白質片段，從而使身體有明顯的反應。而含有 DQ2.2（由 DQA1*0201 基因和 DQB1*0202 基因組成）的人就不容易產生過敏反應。人身上 MHC 變種的不同也使免疫系統「探測」到某種腫瘤細胞的能力不同。比如近來中國科學家發現，B 型肝炎癌變的機率就和 MHC 中 DQ 的變種類型有關。

人與人之間 MHC 變種類型不同的另一個後果，就是器官排斥。由於每個人具有的 MHC 基因類型（因而它們的蛋白質產物）不同，當一個人的器官被移植到另一個人的身體裡時，器官上的 MHC 分子就會被接受器官移植的人的身體當作外來物質，從而對具有這些 MHC 的細胞展開攻擊。這就像不同部門僱用不同的保全，每個部門只認識自己的保全，而不認識其他部門的保全一樣，甲部門的保全到了乙部門照樣會被當作是「外人」，這就是組織排斥產生的原因。MHC 基因的變種越是不相配，排斥就越強烈，配對就是找到和器官

接受者的 MHC 基因變種盡可能接近的器官；但是由於 MHC 基因組合的方式太多，找到完全配對器官的機率幾乎為零（除非是同卵雙胞胎），只能使用部分「配對」的器官，而且還要用免疫抑制藥物來減輕免疫反應。

不過不要忘記，器官移植只是人類的發明，在自然界中不存在。所以器官排斥並不是演化過程的過錯，而是人類去干預演化過程所形成的複雜系統，所得到的不良反應之一。

既然每個人只有幾個主要的 MHC 基因，那為什麼每一種主要的 MHC 基因要有那麼多變種呢？這是因為這些數量龐大的變種雖然不可能都存在於某一個個體身上，卻可以存在於群體中。當這個群體遇到某種新的微生物時，人群中總會有人具有能「檢舉」它的 MHC 分子類型，這樣就不至於整個群體都不能對這個新的微生物做出反應。這種集體防衛的方式，可以增加一個群體在微生物攻擊下生存下去的機會。

MHC 和配偶選擇

有趣的是，MHC 還和配偶的選擇有關。不過和器官移植不同：器官移植要求提供者和接受者的 MHC 盡可能地相似，而擇偶時卻要盡量尋找與自己的 MHC 類型不同的對象。

動物在選擇配偶時，首先要避免的就是近親交配，而近親之間的 MHC 比較相似（由共同的祖先而來）。而且，由於每個動物體所能擁有的 MHC 基因類型有限，尋找與自己有不同 MHC 變種的動物個體做配偶，就能提高後代 MHC 變種的多樣性，增加探測到外來入侵

者的機會，對後代的生存有利。

氣味就是動物判斷其他個體是不是近親的一個重要指標，而且一個動物個體的氣味類型和它的 MHC 變種類型有關。小鼠在選擇配偶時，總是選擇 MHC 變種類型與自己差異大的個體，對一些魚類和鳥類的觀察也得到了類似結果。破壞動物的嗅覺能力，選擇 MHC 差異大的配偶的能力就消失，由於不同的 MHC 變種在結合蛋白質片段的能力上有差別，不同動物被呈現的蛋白質小片段也會有所不同。

可是，由九個氨基酸組成的蛋白質小片段不是揮發性的，又是如何被求偶動物的嗅覺器官感知到的呢？ 有小鼠的實驗表明，這些蛋白質小片段可以在動物直接接觸（比如用鼻尖去接觸對方的身體）時被轉移到求偶動物的鼻子上。用化學合成的蛋白質小片段表明，小鼠的鼻子能嗅到極低濃度（0.1nmol，即 10^{-10}mol）的小片段，而不需要 MHC 的部分。這些片段連同結合牠們的 MHC，也出現在動物的尿液中和皮膚上，既可以直接被求偶動物感知，也可以被微生物代謝成具有氣味的分子而被感知。

比起許多動物來，人嗅覺的靈敏度要低得多。人是不是也依靠嗅覺來尋找與自己的 MHC 的變種類型差異大的異性作為配偶呢？ 研究發現，MHC 類型的確能夠起這樣的作用。比如讓若干男性大學生穿上汗衫過兩天（包括睡覺），這樣這些男性的氣味就被吸收在汗衫上，再讓若干女性大學生去聞這些汗衫，挑選出她們所喜歡的氣味；結果，具有女性大學生喜歡的氣味的男性，他們的 MHC 類型和這些女性的差異最大，說明人類也能透過氣味找到與自己 MHC 差異大的配偶，所以要成為夫妻，真的首先要「氣味相投」。我們對一些異性有親近感，而對其他的異性沒有感覺甚至有排斥感（儘管這些異性也

許很優秀），MHC 看來在其中起了作用。

　　這樣的效果在一些已婚夫婦的 MHC 類型上也可以看到，比如研究發現：歐洲血緣的配偶和美國的 Hutterite 群體（也來自歐洲，但是在婚姻上與外界隔絕）的已婚夫婦中，MHC 不相似的程度遠比整個基因組的不相似程度高。

　　當然，人在求偶時，要考慮的因素很多，社會和文化背景也有很大的影響。許多對男女結了婚又離婚，說明 MHC 的差異性並不是決定人類擇偶的唯一因素；但是 MHC 類型的差異程度，卻是在不經意間發揮作用。MHC 差異大肯定不是建立和維持一個婚姻的充分條件，卻很可能是必要條件。

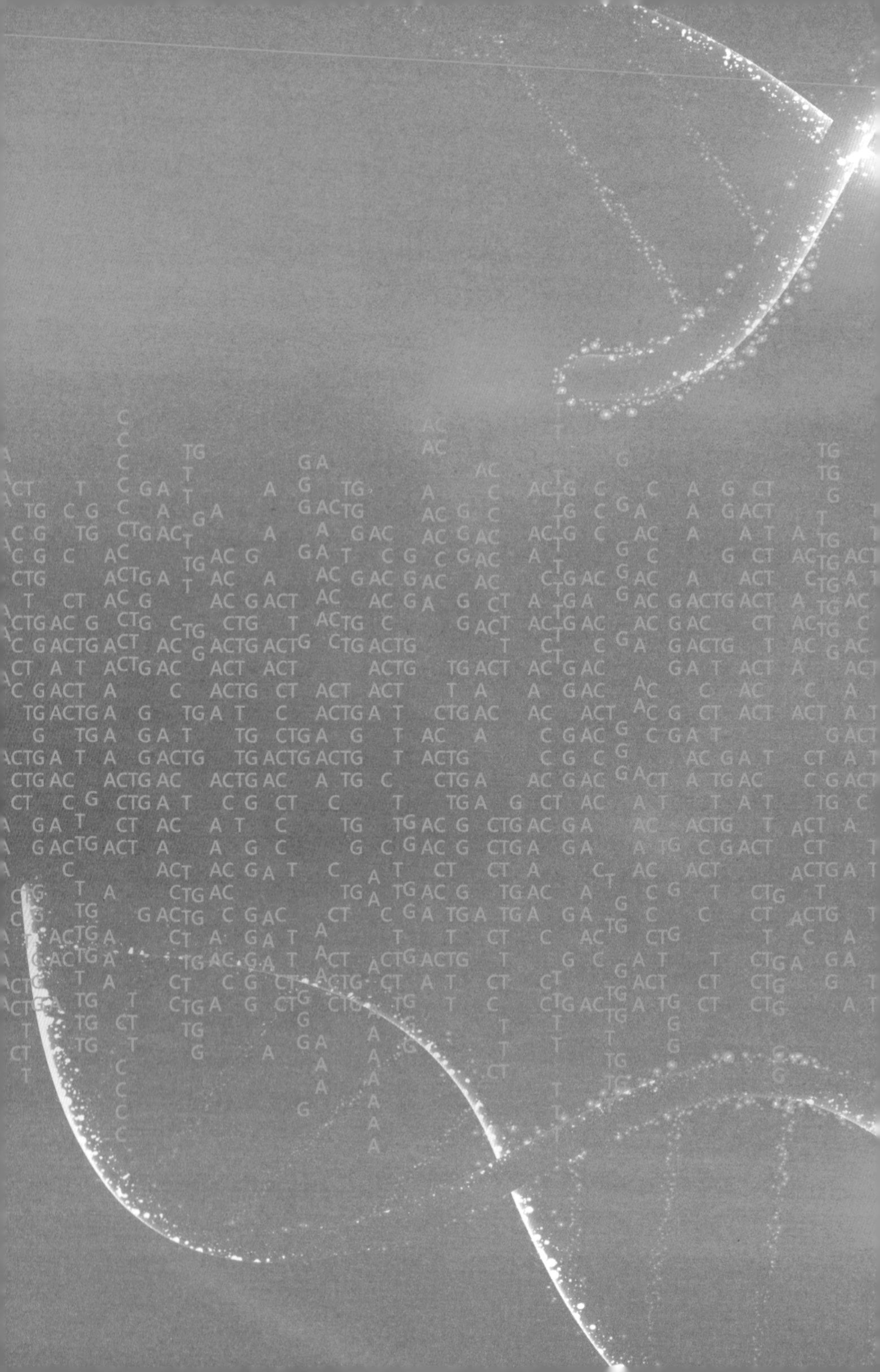

6

生物發展的皇冠——智力

6.1 目的和智力

我們周圍的世界好像充滿了目的：蜘蛛做網是為了捕食昆蟲；兔子迅速奔跑是為了逃命；美麗的花朵是為了吸引昆蟲給它授粉，而它們多汁的果實是為了傳播種子。就連病毒好像都有目的：它們表面上的蛋白質，是為了和細胞表面的受體蛋白結合以進入細胞，不太精確的轉錄酶使得它們的蛋白質不斷變化，以適應生物對它們的抵抗。

人的目的就更多了：蓋房子是為了不再受氣候的影響和生活更方便舒適；農牧是為了擺脫對天然食物的依賴；製作工具是為了做事更有效率；學習知識是為了更有效率的工作；結婚是為了有下一代；買保險是為了應付萬一；開醫院是為了治病；製造武器是為了自衛（個人或國家），可以說人所有的行動都是有目的性的。在現代，越來越多的人生活在城市中，在這裡到處看到的都是人和人的活動，在這個環境中，每個人都有自己的目標，好像目的主宰一切。

但是我們知道，除了我們周圍的生活環境外，還有浩渺的宇宙。隨著人們對宇宙認識的深化，我們知道地球上的生命其實對於宇宙發展演化的影響完全微不足道。無論我們在地球上如何忙碌，宇宙仍然按它自己的規律在演化，可以說完全不受影響；而宇宙沒有目的，目的只存在於生物中。只有生物能夠為了自己的生存和繁衍，對環境的

變化做出反應，且發展出相應的手段。非生物的東西沒有目的，也不會有目的地發展和使用手段。

比如太陽系，太陽本身就占其全部質量的約 99.9%。太陽的表面溫度高達攝氏 5500 度，核心溫度更是高達攝氏兩千萬度，在這樣的溫度下是不可能有生命存在的，連分子存在都困難。許多發光的恆星也和太陽一樣，其核心進行核融合，而且有其生成和死亡的規律。按照這些恆星的質量，可以計算出它們的壽命和最終的命運，但這些過程和地球上的生命毫無關係。也就是說，太陽系 99.9% 以上的物質都按照自然的規律存在和演化，沒有任何目的，而且不受地球上生命的影響。

太陽系的行星和其他小天體只占太陽系總質量的約 0.1%，就是這 0.1% 的質量中，木星和土星這兩個最大的行星又占據了其中的 90%。這兩個星球沒有固體表面，也沒有生命。金星離太陽很近，又有濃厚、以二氧化碳（一種溫室氣體）為主的大氣，所以上面的溫度可以使鉛熔化，也不可能有生命；天王星、海王星和冥王星離太陽太遠，表面極其寒冷，也不可能有生命。那這些星球存在的意義是什麼？這些星球被「創造」出來的目的是什麼？

就是我們感覺巨大無比的地球，其實只占太陽系全部質量的約三十三萬分之一。就是在這樣微不足道的質量中，人的影響也只限於地表和地球表面的大氣，而且對於地球內部的活動（比如板塊運動，火山爆發，地震等）毫無影響。

所以我們在城市中看見的無處不在的目的，在太陽系的尺度上就已消失不見了。

宇宙間的物體也有生有死，除了星球自身耗盡燃料死亡外，有的

還會被別的星球或黑洞吞蝕。小星系也會被大星系吞噬，像銀河系就已經吞噬了許多小的星系，但這裡只有物理定律，沒有目的。大星球（或星系）既不「想」去吞噬別的星球（或星系），被吞噬的星球或星系也不會「逃走」。

如果說世界是神創造的，那如何解釋神為什麼創造那麼多燙如煉獄、冷至汽油都能凝固的星體？創造那麼多中子星和黑洞要做什麼？而且這些物質只占宇宙物質的 4%，其餘是暗物質和暗能量。如果宇宙有目的，目的又是什麼？

只有當生命出現在像地球這樣的固體行星上時，這個星球上才會有目的產生。

無生命的物質常常可以存在非常長的時間，埋在土壤下面的岩石可以存在幾億年而基本不變，月球自生成起也已經存在了約四十五億年的時間；而生命是非常複雜和精巧的結構，非常脆弱，在恆定的條件下生存已屬不易，在環境變化時就更容易受到威脅。為了能夠在不斷變化的環境條件下生存，生物也在不斷地改變自己，能夠適應環境變化的就能夠生存，不能適應的就會被淘汰，而且這些變化可以透過遺傳物質傳給後代。這樣經過多代積累，生存下來的生物可以達到非常完善的地步，明顯地展示出生命為自己的生存所發展出來的各種手段。從這個意義上講，這些變化就是有目的。

植物的許多特點都可以看成是有目的：除了花朵吸引昆蟲、水果吸引動物吃下裡面的種子以便傳播種子外，種子長出「翅膀」（翅果）和纖毛（如蒲公英），也是為了讓種子能被風吹到更遠的地方；植物長刺是為了減少被動物侵害；含羞草被觸碰時葉子下垂，是為了避免被暴雨傷害；豬籠草甚至發展出有光滑內壁和消化液的捕蟲器，更是

有明顯目的；而發展出光合作用這樣複雜的機制，也是為了利用陽光這樣幾乎無處不在的能源。所以植物身上的一切，都好像是為了自己的生存和繁衍而精心設計。

但是植物沒有意識，所有這些看似精心的設計，只不過是植物長期演化所積累的結果，而不是植物有目的的主動行為，所以這樣的目的是最低層次的，還不是我們平常說的目的。對植物這樣的生物來講，主宰它們的只有一個詞：「生存」。為此它們演化出各種手段，只有發展手段並且不斷將其完善的植物才存活，沒有發展出這些手段的或手段不足以應付變化的環境的，就消失了。這完全是一個自然的過程，是基因的隨機變化和環境對這些變化選擇的結果。沒有計劃，沒有思維，所以不是有意識的目的。

細菌也一樣。細菌從某種意義上很「聰明」，不僅「知道」如何突破我們身體的防線和免疫系統的攻擊，還會與人體防禦「作戰」，發展出對抗殺滅它們藥物的抵抗力。但是細菌也是沒有意識的，它們的種種「聰明」手段好似有目的，其實也是長期演化所發展出來的生存手段。

到了生命有意識地發展對自己的生存有利的特點和行動時，我們平常意義上的目的就出現了。人顯然具有這個能力，而且已經到了登峰造極的地步。我們不僅能夠了解什麼是有利於和不利於我們生存的因素，還能主動利用我們所了解的自然界的規律來為我們服務，趨利避害。我們能設計出精密的計劃，並製造出實現計劃的各種工具。在社會生活中，策劃、設計、策略、戰術，都用來達到自己的目的，在與敵人作戰時，還會使用欺騙手段。

在人有意識的目的及植物和微生物無意識的目的之間，是其他的

動物，這是一個灰色地帶。人是從動物發展而來，所以意識也不是在人身上突然出現。但是思維是在什麼動物身上開始出現，是一個很難回答的問題。神經系統出現以後，思維就有了出現的可能，只是我們很難研究它，現在還沒有一種方法來研究意識是什麼，所以也很難回答什麼動物開始具有意識。

　　例如：一種樹蛙會把自己的蝌蚪一隻一隻背到樹上能夠積水的地方，還為牠們產下沒有受精的卵作為食物，這是有意識的行為，還是本能？ 蟾蜍發現蝌蚪所在水窪即將乾涸時，會開出一條水道，使蝌蚪可以進入更大的水窪，這是有意識的行動，還是本能？ 本能這個詞，其實是一個避難所，意思是生物與生俱來、不需要學習的本領。但是這樣的本領也需要解釋，有些本能，像上面舉的例子，也許就包含有意識在裡面。

　　到了更高等的鳥類，鳥媽媽會偽裝受傷，拍翅膀吸引敵人的注意力，使幼鳥有機會逃離危險；烏鴉會把石頭放到裝有半瓶水的水瓶裡，使水面升高，以便喝到水，而且在有不同大小的石頭可供選擇時，還會首先使用比較大的石頭，好像知道大的石頭會使水面上升得更快。這已經很難用本能來解釋了，而到了有明顯智力的黑猩猩，已經會使用工具，比如搬動箱子來使自己夠到高處的食物，這些行為更可能是有意識的計劃的結果。

　　儘管如此，地球上只有人才具有最發達的意識和最完善的思維。人類是地球上唯一能以空前的深度和廣度認識和改造自己的生活環境的生物，我們不但能建造具有現代化生活條件的城市，還能製造汽車、火車、飛機、電腦、網際網路，發射人造衛星和太空船。我們不但能被大自然創造出來，還能反過來研究大自然，研究世界和生命的

奧祕。而地球上的任何其他生物都只能在原始的自然環境中生存,數萬年來沒有根本的變化,就是動物中最聰明的黑猩猩,也不會改造自己的生活環境,仍然生活在原始叢林中。所以要說目的,只有人類把它發展到完美的程度。

但是這樣也賦予人類更大的責任。要保護我們的地球,不能為一些眼前的利益(目的)而犧牲環境和其他生物的生存。我們沒有能力改變宇宙,也不能阻止地震和火山爆發,但是卻有能力毀滅地球上各種生物的生存環境。善用我們的能力,把目的從眼前的小利益擴展為地球上生物共同的長遠利益,是我們面臨的緊迫任務。

6.2 人的智力有極限嗎？

　　人類無疑是地球上智力最高的動物。我們能夠設計、製造和使用工具；能夠用複雜的語言文字系統來傳遞和儲存訊息；能夠進行邏輯思考，用靈活的方式解決問題，預見和計劃將來，並且對世界進行不斷深入的研究；還能創造和欣賞音樂、繪畫、雕塑等藝術形式，人類是唯一能大規模改變自己生存環境和條件的物種。看看我們周圍的房屋、橋梁、道路、汽車、飛機、人造衛星、宇宙探測器，再看看我們使用的電腦、數位照相機、手機、高解析度電視、光纖網路，無不是人類智慧的結晶。而智力和我們最接近的靈長類動物黑猩猩，甚至不能夠給自己建造一個簡陋、能夠遮風擋雨的住所。

　　近一兩百年來，特別是近幾十年來，人類科學技術水準飛速進步。這給人一種印象，就是人好像越來越能幹，也就是越來越聰明，能製造太空梭的人好像就比古代製造馬車的人要聰明，是這樣嗎？如果是如此，那人還會變得更聰明嗎？

　　從類人猿演化到現代人，人類的智力肯定是不斷提高。古人在大約 500 萬年前和黑猩猩「分道揚鑣」時，兩者的智力應該是差不多的。因此，目前人類所擁有的智力就應該是在隨後的幾百萬年中發展起來。

　　一開始，人類祖先的智力發展看來很緩慢。最早的石器出現在大約250萬年前的非洲，也就是人類和黑猩猩分開大約250萬年之後。石器是人類祖先日常使用的固定工具，它的出現，說明這時人類祖先的智力已經超過至今還沒有固定工具的黑猩猩。人類用火最早的遺蹟（中國雲南省元謀縣）是在170萬年前的元謀人時代；最早的陶器大約製作於18000年前（出土在中國湖南省）；在河南舞陽縣賈湖出土的大約8000年前的類似文字的契刻符號，以及大約5000年前在西亞兩河流域出現的楔形文字，都說明文字誕生於幾千年前；最早的鐵器出現在約3500年前的西臺帝國（現土耳其境內）。

　　也就是說，在人類的祖先和黑猩猩演化上分支後的幾百萬年內，技術上的發展（在某種程度上也是智力發展的標誌）非常緩慢，人類社會比較快速的發展，基本上是在過去幾千年之內。到了近代，科學技術的發展越來越快，近幾十年更是人類發展與創新的爆炸時期。

　　但是科學技術發展的水準和速度，和人類智力的進步不能等同論之。在原始社會裡，生產力非常低下，不可能有不從事生產而專門從事科學研究的人，故不能由此就認為那個時期的人比較「笨」。等到生產力提高，社會有了「餘錢剩米」，才能劃分出不從事生產的職業，科學技術的進步才可以加速。

　　語言的出現，使得儲存在每個人腦中的訊息得以傳遞給他人並傳播給下一代；文字的出現更使得知識和經驗可以在人的大腦以外被記錄和積累，因而可以被更方便地傳播和供後人學習。這樣每一個人就不用全憑自己的智力「從頭開始」，獲取和創造知識，而是可以在他人和前人成果的基礎上進一步發展。積累的知識越多，既有的技術越先進，不同學科之間更能互相滲透，人類發現和獲取知識的速度就越

快。近代和現代物理學的探測手段，如同位素示蹤、光譜、質譜、X射線衍射、磁共振等，促進了化學、生物學和醫學研究的快速進展。現在許多國家在人力、物力上對科學研究和技術開發都有很大的投入，新成果的出現也就更多更快，但這並不等於現代人就比幾千年前的古代人聰明。

例如在 4700 多年前建造的埃及古夫金字塔（pyramid of Khu-fu），高 146.5 公尺，由 230 萬塊巨石堆砌而成，總重近 700 萬噸，而且精確度極高，就是現代人用現代技術，也很難取得那樣的成就；2500 多年前成書的《孫子兵法》，至今仍是世界上許多軍事院校的必讀教材，裡面包含的智慧已經超出軍事範疇，而被廣泛地用於生活各方面。我們讀古代的小說或演義，也一點也不覺得裡面的人物「笨」，若把現代人放到當時的故事中，處理問題的方式也未必會比當時的人高明。

這就像爬山，古代人從海平面爬起，爬到海拔 500 公尺；現代人從 5000 公尺爬起，可以爬到海拔 5500 公尺。5500 公尺當然比500 公尺高很多，但是人爬的仍然是 500 公尺；古代人發明用火，發明燒製陶器的方法，發明金屬冶煉的方法，所需要的智力一點也不亞於現代人測定一個基因的序列，或者編寫一個程式所需的智力。所以從人類的生產力和科學技術發展史，無法得出人類智力演化的準確過程，也許人類的智力在幾千年前，甚至更早，就達到了現在的水準。

對近百年來各國人群智商的測定表明，在測定的早期階段，不同人群的智商都隨時間增加，大約每十年增加三點左右（標準為一百點）。這種現象為紐西蘭 Otago 大學的科學家弗林（James Robert Flynn，1934）所注意到並進行了總結，叫做弗林現象（Flynn effect)。弗林現象的存在,好像說明人類的智力還在不斷進步;但仔細分析後發現,這種增加主要是由於智商低端人群的進步,很可能是營養條件的改善,消除了貧窮對大腦發育的不良影響。在同一時間段內,智商高端人群的得分並沒有增加,而且從 1990 年代開始,許多已開方國家人群的平均智商也停止上升了。雖然用各種方法對智商進行測定的結果,並不能全面代表智力,但這些實際測定的結果也說明,對於營養有保障的人群來說,智力可能已經進入了停滯期,電腦時代的到來也沒有使人類變得更聰明。

現在的問題是:從長遠來看,人類的智力還有沒有進一步發展空間? 會不會有物理定律和化學定律所設定的極限?

人的思維和智力是大腦中神經細胞(又叫神經元)活動的產物。也就是說,人類的智力是基於神經元的智力,這和現代電腦「能力」基於電晶體的原理不同。要看人類智力的發展有沒有極限,就先要看看智力與大腦中神經元的關係。

腦越大越聰明?

從人類的演化過程來看,好像是腦越大越聰明。比如現代黑猩猩的腦容量只有 420 立方公分,而現代人的平均腦容量有 1350 立方公分。生活在 300 多萬年前的非洲的原始人類「露西」(Lucy),腦容量只有 400 立方公分左右;200 萬年前直立人出現,腦容量就增加到 800 立方公分。看來腦容量是伴隨著人類智力的發展而增大(有的文獻也用重量來表示腦的大小。由於腦的密度是在每立方公分 1.03 ～ 1.04 克,和水的密度非常接近,用克表示腦的重量和用立方公分表

示腦容量，數值相差不大）。

從表面上看，這似乎是不言自明的，因為大的腦容量可以容納更多神經元，智力自然也會比較高。但是如果我們看廣一點，看看其他動物，就發現這個說法不完全成立。比如牛的大腦（約 440 克）比老鼠的大腦（約 2 克）重 200 倍以上，和黑猩猩差不多；但是牛不但遠不如黑猩猩聰明，也不比老鼠更聰明。就是同為狗，體型巨大的狗有時還不如體型小的狗聰明。烏鴉的腦只有 10 克重，卻是最聰明的鳥類之一，它會把石子填到裝了一部分水的瓶子裡，使水位升高以便能喝到水，如果有不同大小的石子可供選擇，它還會先用比較大的石子，好像知道這樣做水面的上升會更快，甚至會把堅果放在馬路上，讓汽車把果殼壓開。

所以大的腦容量不一定等於高智力。體型較大的動物一般腦容量也比較大，但是這「多出來」的神經元並不一定是用來提高智力，而是首先滿足對大身體的控制和管理。比如，牛需要感覺的皮膚面積、控制的肌纖維數量都遠多於老鼠，就像一個國家或一個地區，面積和人口變多了，管理機構及人員也會比較多。只有在基本管理任務以外「富裕」出來的神經元，才有可能被用來進行更高等的思維，也就是發展出更高的智力。

為了清楚腦質量和身體質量的關係，以及這種關係對智力的影響，荷蘭的解剖學家杜布瓦（Eugene Dubois）及其同事收集了 3690 種動物的腦質量和身體質量。他的後繼者對這些數據進行分析後發現：隨著動物身體變大，腦的質量並不成比例地增大，而是身體質量的 0.7～0.8 次方，也就是大約 3/4 次方。比如麝鼠（muskrat）的身體質量是小鼠（mouse）的 16 倍，但是麝鼠的腦質量只有小鼠

的 8 倍。把這些身體質量和腦質量輸入到對數座標上,橫座標為身體質量,縱座標為腦質量,就可以經過數學分析得到一條直線,從這條直線可以從動物的身體質量計算出腦質量的預期值。

一些動物的座標正好在這條直線上,比如小鼠、狗、馬和大象。而有些動物的座標在這條直線上方,說明牠們的腦質量超出預期值,應該比較「聰明」。高出直線越遠,說明腦質量超過預期值越多,就應該越「聰明」,實際情況也好像是這樣,比如:人的腦質量超出預期值 7.5 倍,是所有動物中最高的,也最「聰明」。海豚是 5.3 倍,猴子是 4.8 倍,都相當「聰明」;反過來,如果動物的座標是在這條直線以下,也就是牠們的腦質量低於預期值,就應該比較「笨」。牛的比值是 0.5,也就是牠的腦質量只有預期值的一半,也的確比較「笨」。

不過這個規律也有例外。比如南美捲尾猴(New World capu-chin)的腦質量與「預期值」的比例就高於黑猩猩,但是遠不如黑猩猩「聰明」。對於體型巨大的動物,如藍鯨,腦質量與預期值的比例也很低(約 0.25),但藍鯨顯然也是比較「聰明」的動物。所以腦質量和智力的關係,還需要更深入的探討以找出更好的指標。

人類大腦皮質中神經元的數量已經是世界第一

前面討論了腦的容量與智力的關係,也許我們能換一個角度,看看腦中神經元的數目與智力的關係;不過人腦中不是所有的神經元都與思維有關,比如負責身體一些基本活動(如呼吸、心跳、排泄)的神經中樞就在延腦中。植物人全無意識,但是這些基本生理活動照常

進行，所以負責這些活動的神經元可以被認為是與智力無關而不加考慮。小腦占腦總體積約 10%，其神經元（主要為顆粒細胞）被認為是與運動的協調有關，也可以不加以考慮。

　　而大腦占人腦總質量的 82%，其中的大腦皮質（大腦表面幾毫米厚的組織，是大腦神經元集中分布的區域）與人的思維直接有關。其他哺乳動物的大腦也占腦體積的大部分，和人類大腦的結構和功能類似，所以大腦皮質裡面神經元的數目，也許是估計動物智力的一個更好的指標。的確，如果我們比較不同動物中大腦皮質中神經元的數量，那人類明顯是第一，大約有 120 億個神經細胞（不同的實驗室得出的數值不完全相同，大約是在 110 億～ 140 億）。即使鯨魚的腦比人腦大好幾倍，其大腦皮質裡面神經元的數量也還比人類要少一些，為 100 億～ 110 億；黑猩猩大腦皮質中神經元的數量是人的一半左右，約 62 億，海豚是 58 億，大猩猩是 43 億，大體上與這些動物的智力相當。這些數值也表明，120 億左右是地球上動物大腦中神經元數量的最高值，只為人類所有。

　　鯨類動物大腦皮質中神經元的數目和人相近，智力卻遠不如人，說明足夠數量的神經元是高智力的必要條件，卻不一定是充分條件。在神經元數量相同的情況下，智力還和神經元之間的連接方式和信號傳輸的速度有關。

信號在神經元之間傳輸的速度很重要

　　人類大腦中的 120 億個神經元本身並不能自發產生智力。嬰兒出生時，大腦中的神經元已經完全形成，也就是已經擁有了這 120

億個神經元。但是,新生的嬰兒並沒有明顯的智力,要經過數年的時間,智力才逐漸由這些神經元發展出來。這說明神經元之間聯繫的建立對於智力的發展必不可少。而且智力的發展有一個關鍵期,與外部環境密切相關:由狼哺養大的「狼孩」,雖然擁有和正常人一樣多的神經元,但是由於錯過了智力發展的關鍵期,即使後來再回到人類社會,其智力也始終停留在非常低的水準。

這就像電腦中央處理器(central processing unit,CPU)中的電晶體,現代的 CPU 已經可以容納數以千萬、甚至上億個電晶體,但是這些電晶體還需要導線將它們連接起來,才會產生運算能力。

思維過程涉及大腦的不同區域,信號需要沿著神經元之間的路徑(我們把這些路徑統稱為神經纖維)在不同區域的神經元之間進行傳遞和交換。信號在大腦的不同區域之間傳播的途徑越順暢,速度越快,大腦處理訊息的速度就越快,智力就有可能更高。

而神經纖維傳遞信號的速度較慢,不同的神經纖維傳遞信號的速度從每秒 0.5 公尺到每秒 100 公尺左右。如果我們假設平均值為每秒 10 公尺,那就是每傳遞 1 公分,就需要 1 毫秒。

在這種傳遞速度下,腦的尺寸對訊息傳遞時間有很大的影響。比如牛的大腦比老鼠的大腦重 200 多倍,直徑為 6 ～ 7 公分,比老鼠的不到 1 公分大很多。信號從牛大腦的一邊傳到另一邊的時間也要 6 毫秒左右。如果思維需要腦中多個部分之間訊息的多次來回交換,牛思考所需要的時間就更長了。這也許可以部分解釋為什麼老鼠的反應和行動是那麼迅速,而牛總是慢吞吞。

而小小的蜜蜂,腦重只有幾毫克,但是蜜蜂腦中神經元之間的距

離也很短，在毫米範圍內，因而訊息可以在神經元之間迅速傳遞。這使得蜜蜂在互相追逐時，可以在一眨眼的工夫飛出複雜的曲線，也就是可以在毫秒級的時間段裡對飛行軌跡進行精確控制。

因此，要加快大腦處理訊息的速度，就要盡量縮短神經元之間的距離。從這個意義上講，腦越大越不利。

信號傳遞途徑越短，人的智商越高

人的大腦比較大，寬約 14 公分，長約 16.7 公分，高約 9.3 公分。大腦皮質又分為許多功能區，思維過程需要訊息在多個功能區之間交換，而不同的人在功能區之間的距離上有所不同。為了研究信號在功能區之間傳遞距離的長短，是否與人的智力有關，科學家用不同的方法測定了不同的人大腦中功能區之間的距離，再把這些數據與這些人的智力相較，得出了類似的結果。

比如荷蘭 Utrecht 大學醫學院的 Martijn van den Heuvel 等，用功能性磁振造影（functional magnetic resonance imaging）來測定處於休息狀態時人腦不同功能區之間的距離。在時間上極同步的神經活動區域被認為是彼此相關的。從磁共振圖，就可以得出這些功能區的距離。Heuvel 等的實驗結果表明，有最短訊號傳遞路徑的人，智商最高。

英國劍橋大學的神經圖像專家 Edward Bullmore 用腦磁圖（magnetoencephalography），估算大腦中不同區域之間信號傳遞的速度，並且和測試對象的短期記憶力（在短期內同時記住幾個數的能力）。比較後發現，區域之間具有最直接聯繫、信號傳遞速度最快

的人，具有最好的短期記憶力。這些研究結果都支持了上面的想法，即神經功能區之間的距離和信號在這些功能區之間傳遞的速度直接相關，也和智力的高低有關。

你也許要問，人大腦的大小和質量不是都差不多嗎？為什麼功能區之間的距離還會不同呢？這是因為，不同的人大腦皮質的形狀不同。人的大腦表面不是平滑的，而是布滿了腦回。這使得大腦皮質的面積比光滑的大腦要大得多，也就可以容納下更多的神經元。

但是就像人的指紋一樣，沒有兩個人的腦回形式是一樣的。即使是同卵雙胞胎，腦回的形式也只是相似，而彼此不同。由於大腦皮質分為許多功能區，不同的腦回形式，意味著人與人之間功能區之間的距離不同，信號在這些功能區之間傳遞所需要的時間也不同。對於一個特定的人來說，如果兩個功能區之間的距離比平均距離要短，與這兩個功能區有關的智力就有可能比較高。但是另外兩個功能區之間的距離也許又比平均距離要長，與這些功能區有關的智力也許就比較差。這或許可以部分解釋為什麼不同的人所具有的才能不同。有的富於數學才能，有的具有音樂天賦，但是在別的方面就比較弱。

愛因斯坦的腦質量只有 1230 克，相當於 1194 立方公分，明顯低於人類 1350 立方公分的平均值，但他的大腦的頂葉部位有一些特殊的山脊狀和凹槽狀結構。較小的大腦和特殊的腦回結構，也許使愛因斯坦思維時的神經路徑特別短和通暢，從而形成了他超人的智力；但是他在語言上似乎比常人差，到了三歲才會說話。

人的大腦已經從各個方面優化

為了擁有盡可能多的大腦皮質神經元，同時又使這些神經元安排得盡可能地緊湊以縮短它們之間的距離，還要使神經元之間的傳遞盡可能快捷，我們的大腦已經採取了多種方式「優化」。這些措施其他高等動物也共同採取，但是人類將它發展到極致。

第一，是保持神經元的體積，使其不要過大。動物在體型變大時，一般來說神經元的體積也隨著增大。這樣就勢必增加神經元之間的距離。而靈長類動物的大腦有一個特點，就是腦隨著身體變大了，但是神經元的體積基本上不會變大，因而可以保持比較高的神經元密度。人每一立方公分的大腦皮質，也就大頭針的針頭那麼大，裡面卻含有大約十萬個神經元，每個神經元平均有 29800 個連接處與其他的神經元相聯繫。用這種方式，人的大腦已經含有所有生物中最多的神經元，而大腦的總體積仍然在人體可接受的範圍；與此相反，大象和鯨魚的大腦中神經元的尺寸就比較大，使得牠們的大腦比人大得多，但神經元的密度卻比較低，因此大象和鯨魚大腦的工作效率也比人的大腦要低。

第二，大腦的神經元多集中到表層（大腦皮質）的 2～3 毫米的厚度中。這樣可以使神經元之間的距離盡可能地短。數學分析表明，這種安排比起把神經元在大腦中平均分布再彼此聯繫更有效率。絕大多數的神經元之間的聯繫都是短途的，只有少數是長距離的聯繫。

第三，大腦皮質的構造也不同。大腦皮質分新皮質（neocortex）、古皮質（archeocortex）和舊皮質（paleocortex）。古皮質與舊皮質比較古老，與嗅覺相關，這些皮質的結構只有三層，為爬行

動物的大腦皮質；而從哺乳動物開始，新皮質出現，動物的演化程度越高，新皮質占的比例越大。像人的大腦皮質中，約有 96% 是新皮質，新皮質中的神經元的排列依據神經元類型分為六層，可以實現更高程度的皮質神經元密集。電腦的 CPU 也借鑑了這個「設計」，在晶片中放上多達九層的電晶體。

第四，用不同的神經纖維完成不同的任務。神經元發出、把信號傳給其他細胞的纖維叫做軸突。有的軸突外面包有「絕緣層」（叫做髓鞘），叫做纖維鞘，傳遞信號的速度比較快，但是占的體積也比較大；另一種沒有「絕緣層」，叫做無鞘纖維，傳遞速度比較慢，但是占的體積比較小。大腦皮質神經元之間的短途連接就使用無鞘纖維，以減少占用的空間，使神經元之間可以更加靠近，而比較長途的聯繫就用有纖維鞘以獲得更快的傳遞速度。由於髓鞘是白色的，這部分腦組織就叫做白質；神經元集中的地方因為軸突沒有髓鞘，成灰色，叫做灰質。白質和灰質的分區，說明大腦已經在減少體積和保持信號傳遞速度上盡量兼顧二者。

由於這些演化，我們的大腦在擁有地球上動物中最多大腦皮質神經元的同時，又在神經元的密集，連接路徑以及信號傳遞速度上進行「優化」，使我們擁有任何其他動物無法比擬的智力。問題是，大腦的這些「優化」過程已經接近終點了嗎？我們的智力還能提高嗎？

我們的大腦還有多少改進的空間？

從上面的分析可以看出，大腦皮質中神經元的總數，神經元的密集程度以及信號在大腦中各個功能區之間傳遞的距離和速度都和智力

的高低有關。那我們是不是能夠在這幾個方面繼續加以改進，以獲得更高的智力呢？下面我們就對這些問題分別進行討論。

（1）繼續增加大腦皮質中神經元的數量

既然人類擁有地球上動物中最多的大腦皮質神經元的數目，同時也擁有最高的智力，繼續增加這些神經元的數目也許能使大腦處理訊息的能力更為強大，使我們變得更加聰明。

但是，更多的大腦皮質神經元意味著更大的大腦，功能區之間的距離會增加，使信號傳遞的距離和時間更長。這會使大腦處理訊息的速度變慢。

更大的大腦也需要更大的頭來容納，目前人類新生兒的頭的尺寸已經是身高的 1/4（成人為 1/8），頭圍約 34 公分。這樣大小的頭已經使分娩成為一件困難和痛苦的事情。經歷過或者看過分娩過程的人都會對此印象深刻，要是新生兒的頭更大，如果不用剖腹產，恐怕媽媽都生不下來了。

就算產道的問題能解決，能量供應也是問題。大腦是非常消耗能量的組織，人腦的質量大約為體重的 2%，卻使用身體能量總消耗的 20%，新生兒大腦的能耗甚至高達身體總能耗的 60%！不要忘記心臟、肝臟、腎臟也是非常耗能的器官，加起來也不到新生兒總能耗的 40%。再增加腦容量，其他器官的生命活動就無法維持了。

（2）加快信號傳遞的速度

增加大腦處理訊息效能的一個辦法，就是加快信號在神經元之間和功能區之間傳遞的速度。不同的神經纖維傳遞信號的速度不同。神經纖維直徑越大，信號傳遞速度越高。這就像粗的電線由於電阻較小，導電能力更強一樣。神經纖維外面有「絕緣層」（髓鞘），信號傳

遞的速度也更快。

但是無論是增加神經纖維的直徑，還是在外面包上厚厚的「絕緣層」，都會使神經纖維的總「粗度」變大，占用更多的地方，迫使神經元之間相距更遠。這會增加信號傳遞的距離，使訊息處理速度變慢。

（3）　增加神經元之間和功能區之間的聯繫路徑

現在人類大腦皮質中，每個神經元和其他神經元之間有數以萬計的聯繫。近一步增加聯繫的數目，也許能使大腦處理訊息的能力更為強大。增加功能區之間的聯繫也相當於增加信號傳遞的「頻寬」，使訊息傳遞更加通暢。

但是無論是增加短途聯繫和長途聯繫的路徑，都意味著要增加神經纖維的數量。這些神經纖維必然要占用體積，增加神經元之間和功能區之間的距離，其結果也是延長信號傳遞時間，使大腦處理訊息的速度變慢。

更多的神經纖維也意味著更多的神經脈衝，消耗更多的能量。

（4）　使神經元和神經纖維更加「微型化」

如果神經元的細胞體變得更小，神經纖維變得更細，就可以在同樣的體積中容納更多的神經元。這樣既可以提高大腦皮質中神經元的總數，提高訊息處理的能力，又可以縮短它們之間的距離，有利於信號的傳遞，還可以降低能耗，是一舉數得的辦法。問題是，神經元和它的神經纖維還能進一步「微型化」嗎？

這有點像電腦行業中的「摩爾定律」，即每過十八個月，積體電路中電晶體的總數和計算性能就提高 1 倍。這主要是透過電晶體以及它們之間導線的微型化來實現。既然電腦可以這樣做，那麼大腦是不

是也可以這樣做呢？

摩爾定律在一開始運作得很好，似乎可以無止境地持續下去；但到了電晶體的尺寸接近奈米級，「漏電」現象就日益嚴重，電晶體的工作不再可靠。提高柵極的電壓可以改善電晶體工作的穩定性，但是要消耗更多的能量，散熱問題就更難解決。

而且隨著積體電路的微型化，電場傳播速度，有一天會成為電腦速度的瓶頸。現在電腦的速度已經可以達到每秒千兆級（gigabits）。而在每秒四千兆的頻率下，電場在每個週期中也只能走 7.5 公分，也就是已經接近電腦硬體的尺寸。

神經系統的微型化也有類似的問題。即當尺寸減少到一定程度，神經元的工作就變得不穩定。要理解這個問題，需要先知道神經信號是如何產生和傳遞。

神經纖維傳遞的信號在本質上也是電性，但不是電流從神經纖維的一端流到另一端，而是膜電位的局部改變以接力的形式沿著神經纖維傳播。詳細敘述這個過程需要太多的時間和篇幅，這裡只給出一個大大簡化了的模式。

神經細胞在「靜默」（沒有發出電脈衝）時，細胞膜的兩邊有一定的電位差，幅度大約為 — 70 毫伏特，膜內為負，膜外為正。這個跨膜電位主要是由膜外高濃度的鈉離子來實現。

當神經元接收到從別的細胞來的信號時，在接觸點（即接收信號處）會讓一些鈉離子進入細胞。由於鈉離子是帶正電的，它的進入會抵消一部分膜內的負電，使得跨膜電位的幅度減少。如果神經元在多處同時接收到這樣的信號，這些跨膜電位的變化就有可能疊加起來，造成跨膜電位的幅度進一步減少。當跨膜電位的幅度減少大約 15 毫

伏特，也就是其數值減少到約－55毫伏特時（即所謂閾值時），膜上的一種對電位變化敏感的鈉離子通道就會感受到這個變化，改變自己的形狀，讓鈉離子通過細胞膜。由於膜外鈉離子的濃度遠高於膜內，鈉離子通道打開會使更多的鈉離子進入細胞，跨膜電位進一步降低。這反過來又使更多的鈉離子通道打開。這種正反饋使得這個區域內原來外正內負的電位差完全消失，甚至出現短暫的外負內正的情況。

到了這個時候，這裡的鈉離子通道就關閉了，而且暫時不會對膜電位變化做出反應。進入細胞的鈉離子會向各個方向擴散，改變鄰近區域的跨膜電位，觸發鄰近區域鈉離子通道的反應。這樣一級一級地觸發下去，膜電位改變的區域就會沿著神經纖維傳遞下去，這就是所謂的神經脈衝的傳遞。由於最初被活化的鈉離子通道還在「不應期」，信號不能反向再傳回去，而只能向前走，使得神經纖維只能單向傳遞信號。

由此可以看出，一個神經元是否發出神經脈衝，要看許多信號疊加的總結果。而且鈉離子通道並不只是在跨膜電位變化到閾值時才會打開。在細胞裡，這些鈉離子通道還會由於其他分子的熱運動，帶來快速衝撞而「自動」打開。只有鈉離子通道的數量夠多，接受正常信號的通道數大大多於偶然打開的通道數，神經元才能正常工作。神經元過小，或者神經纖維過細，鈉離子通道的數目就不足以維持正常的訊號雜訊比，一些偶然被觸發的鈉離子通道就會使神經元發出錯誤的信號。英國劍橋大學的理論神經科學家 Simon Lauglin 及其同事計算後發現，如果神經纖維的直徑小到 150～200 奈米，雜訊就會大到不可接受，而最細的神經纖維（無髓鞘的 C 類神經纖維）直徑已經小到 300 奈米。

我們也可以設想讓鈉離子通道變得更「穩定」，就是不容易被熱運動偶然打開，這樣就可以降低雜訊水準；但是這樣的鈉離子通道就需要更高的膜電位變化才能被「觸發」，使得神經元工作的能耗增加。這就像電腦處理器中，提高柵極電壓可以使電晶體更穩定，但是也需要更多的能量才能使它工作。

因此，像電腦裡面的電晶體小到一定程度就不能穩定工作一樣，神經元小到一定程度也會使雜訊過大。而且神經纖維直徑越小，信號傳遞速度越慢。像直徑 300 奈米的神經纖維，信號傳遞速度還不到每秒 1 公尺，這就足夠抵消緊湊所帶來的好處了。

讓「大腦外延」和「集體智慧」發揮更大的作用

以上的分析表明，影響智力的幾個因素相互制約，若改善其中的一個因素，其他因素就會受到不利的影響。增加大腦皮質神經元的數量、加粗神經纖維，或包以髓鞘加速信號傳遞的速度，都會增加大腦的體積，使信號傳遞距離變大，而且更多的神經元和神經路徑也需要更多的能量供應；而縮小神經元的尺寸，減少神經纖維的直徑可以使得神經細胞更加密集，縮短訊號傳遞的距離，但是又會使雜訊增加和降低神經纖維傳遞信號的速度。一些理論分析的結果表明，我們大腦的工作能力已經接近生理極限，要進一步改良的空間不大。

有趣的是，神經元和電腦中電晶體都在接近奈米級的尺寸時遇到難以克服的障礙，這也不難理解，因為這已經接近分子和原子的尺寸，而原子和分子不可「壓縮」，要正常地發揮作用，就必須給它們足夠的空間。在電腦 65 奈米級的處理器中，二氧化矽介電層已經薄

到 5 個氧原子厚。提出摩爾定律的 Gorden Moore 也認識到這個問題，在 2005 年他就提出：電晶體的尺寸已經逼近原子大小，而這是電晶體技術最終的障礙。同樣，對電位敏感的鈉離子通道（一種膜蛋白質）的大小約為 10 奈米，如果把神經纖維看成是一個管子，那光是鈉離子通道就要占神經纖維直徑中的 20 奈米。

電腦處理器遇到的障礙可以用其他技術來克服，人們也可以設計全新的電腦，不再依靠電晶體；但人的大腦是億萬年演化的產物，其「設計圖」已經融入我們的 DNA 中，不可能重新設計。也就是說，我們的思維無法擺脫對神經元的依賴，也無法克服物理和化學定律對神經元工作條件的限制。

當然，目前人類對於神經活動與智力的了解還很初步，也許大自然還有使大腦進一步演化的途徑。比如在大腦皮質中神經元的總數不變的情況下，把更多的神經元轉用於思考，而「犧牲」一些不太重要的功能，比如嗅覺。也許人的大腦已經在這樣做了，因為人類現在的嗅覺能力已經大大低於許多其他動物。不過我們到底能「犧牲」多少其他神經系統的功能，而又不嚴重影響我們的生活品質，仍就是一個難以回答的問題。

因此，作為個人，我們的智力也許不會再有多提高，但人類還是可以透過其他方法來提高人腦的工作效率。

一是用人設計的電腦。就像工具是人手腳的「外延」和「放大」一樣，電腦也是人腦功能的「外延」和「放大」。我們可以用電腦在幾秒鐘內搜尋整個資料庫，在一瞬間完成人腦要用數小時，甚至數年才能完成的計算工作。現代社會的生產和生活，已經離不開人腦的「外延」了，而且這種依賴的程度還會越來越高。

　　二是使用集體智力。在人類文明發展的初期，許多發明和創造都是由個人來完成；但是到了資訊時代，人類已經作為一個整體在工作。在這個系統中，每個人都可以迅速獲取他人創造的知識，又在這些知識的基礎上做出個人的貢獻。這有點像一部超級電腦，裡面有眾多的處理器同時工作，共同完成各種複雜的任務。社會資訊化的程度越高，人類的集體智慧發揮的作用就越大。即使個人的智力不再提高，人類作為整體的進步，卻可以隨著科學技術的發展和知識的積累而不斷加速，就像我們現在所看見的那樣。

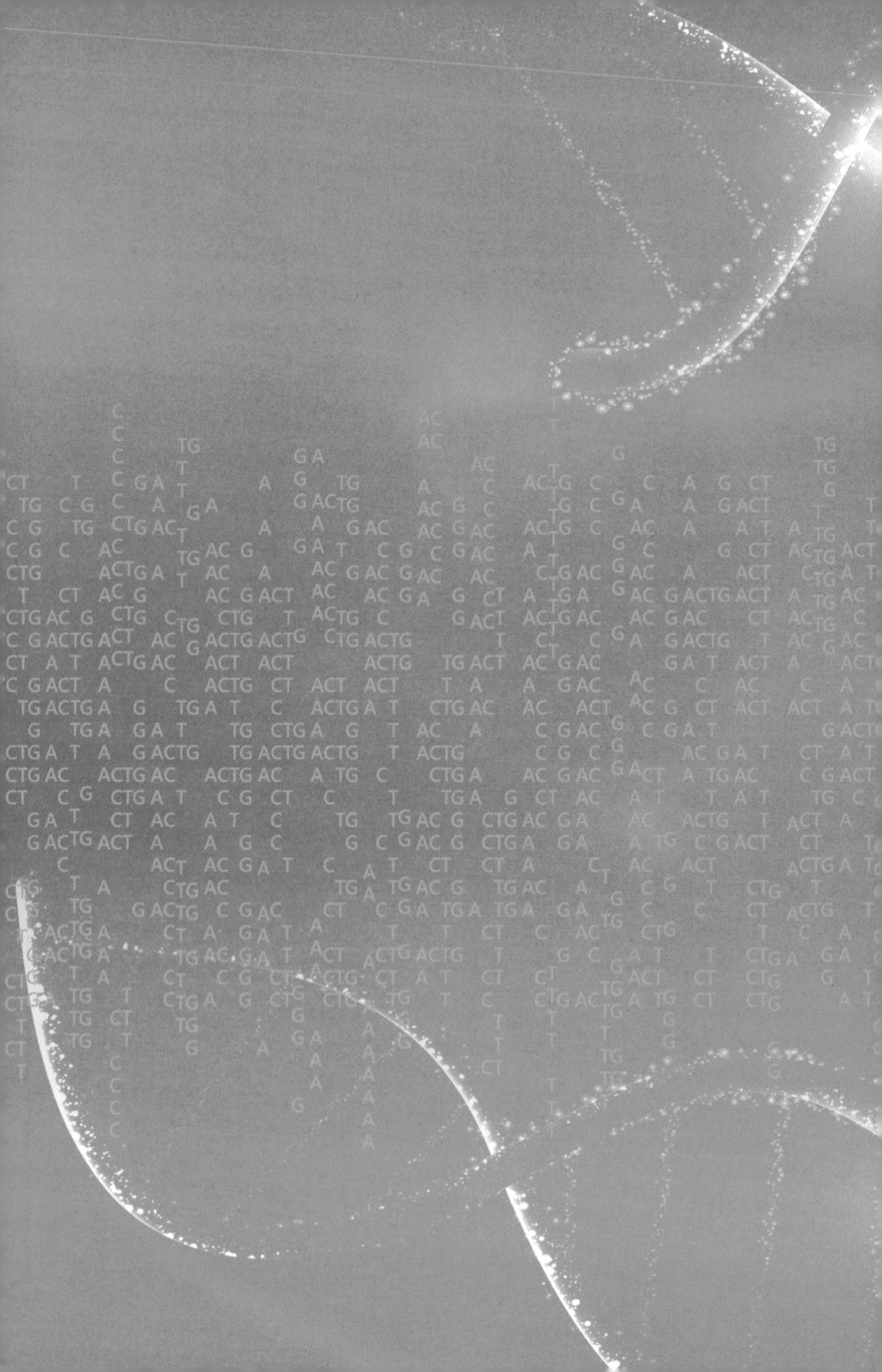

7

幹細胞與複製

7.1 人體的更新之源——幹細胞

我們的身體由大約六十兆個細胞組成。這些細胞分屬兩百多種細胞類型，各自執行不同的任務。當你在看這些文字時，你的視網膜裡的感光細胞把光學訊號變為電信號，神經細胞把這些信號整理歸類，傳輸到大腦，信號被另一些神經細胞分析綜合，重新變為圖像；你的各部分肌肉在協調張力，使你能穩穩地坐在那裡，頭面向螢幕，眼睛聚焦在文字上；你的肺泡裡的細胞在吸收氧氣，排出二氧化碳；你的腸細胞在吸收葡萄糖，紅血球又把氧氣帶到大腦，氧化葡萄糖，供給大腦工作所需的能量；你的肝細胞在處理內部和外來的物質；你的腎臟細胞在排出廢物；你的免疫細胞在和外來入侵者作戰；你的汗腺細胞在調節你的體溫；你的耳朵在聽是不是孩子回來了。這只是簡單的幾個例子，各種細胞的功能不是幾句話說得完的。也正是有這麼多種細胞的協同工作，我們每日的生活才成為可能。

我們複雜的身體裡面的這幾百種細胞，最初全都來自一個細胞，那就是受精卵。由它可以分化出身體內所有類型的細胞。從這個意義上說，這個受精卵是全能的（totipotent），上面說的感光細胞、神經細胞、上皮組織、肝細胞、肌肉細胞、免疫細胞等，都是分化後的細胞，都是從這個受精卵來。

而且從受精卵發育成為人的個體，任務並沒有完成。人可以活到一百歲或更長，而單個細胞沒有那麼長的壽命，特別是那些執行「艱巨任務」的細胞。像我們皮膚裡的上皮組織，處在身體的最外面，隨時要受到外界因素的傷害（磨損、紫外線輻射、各種有害物質的侵襲等等），需要不斷地更新補充。所以這些上皮組織每 27 ～ 28 天就要更換一次；血液中的免疫細胞要不斷地和外來的入侵者作戰，壽命也不長，像白血球一般只能活幾天到十幾天；而工作條件最惡劣的是小腸上皮組織，它們負責從腸道中吸收營養物質，同時要經受腸蠕動帶來的摩擦，又浸泡在消化液中，還要面對幾百種腸道細菌和它們的代謝產物，所以壽命極短，兩三天就要換一次。在我們的一生中，我們的身體也會多次受到傷害，這些因傷害而損失的細胞也需要替補。這些任務是由我們身體裡的一類特殊的細胞──幹細胞來完成的。

什麼是幹細胞？

為了替補所有這些細胞，我們的身體在發育過程中，在生成各種細胞的同時，也保存了一些「留守部隊」。它們處於未分化或低分化狀態，能夠根據每種組織的需要分化成所需要替代的細胞。它們陪伴我們終生，不斷地更新我們的各種組織。這樣的細胞就叫幹細胞（stem cells）。「幹」譯自英文 stem，有「樹幹」之意，意思是從樹幹上可以長出各種分枝和樹葉。早期未分化的胚胎細胞也是幹細胞，叫做胚胎幹細胞。雖然這裡我們說的是人體，但其實出於同樣的理由，所有的多細胞生物體內都有幹細胞。

成人幹細胞一般存在於要替換更新的組織內，以便就地提供替補

細胞。根據要替補的細胞種類的數目，幹細胞可以分為多能幹細胞和單能幹細胞。多能幹細胞可以分化出多種細胞，比如骨髓裡的造血幹細胞可以分化成所有類型的血球；小腸上皮的幹細胞可以分化出四種腸壁細胞，其中包括吸收營養的小腸絨毛細胞；單能幹細胞只能分化出一種細胞，比如位於肌肉中的幹細胞就只提供新的肌肉細胞。不過這種分類只是指體內情形而言，幹細胞技術已經把這種區分打破了。

除骨髓、胃腸道上皮和皮膚外，幹細胞也在許多其他成人組織裡發現，包括大腦、眼睛、胰臟、肝臟、肌肉、睾丸等，隨著幹細胞研究的進展，相信會有越來越多的成人幹細胞會被發現。

為了在人的一生中不斷地供給替補細胞，幹細胞必須能夠複製自己。如果分化一個少一個，那幹細胞早晚會被用完。幹細胞保存自己的方法，就是進行不對稱分裂。幹細胞分裂時，一個子細胞仍然是幹細胞，另一個細胞則分化成替補細胞。在需要的時候，幹細胞也可以進行對稱分裂，這樣形成的兩個子細胞都是幹細胞。如此，幹細胞可以在不斷生成替補細胞的同時，使自己的數量基本保持不變，成為我們一生中「取之不盡」的細胞更新的來源。

幹細胞在更新細胞時，常常不是「一步到位」直接生成所要替補的細胞，而是先生成前體細胞（已經部分分化的細胞，其分化潛能僅為單能性，較祖細胞更少）。這些細胞一般不再能自我複製，而是大量增殖，同時分化，生成一種或多種細胞。以這種方式，一個幹細胞的不對稱分裂可以產生成千上萬個分化了的細胞。

幹細胞分化成什麼細胞，要看它們從外界接收到的是什麼信號，其中最重要的是各種誘導因子。在實驗室中，加入不同的誘導因子，幹細胞可以朝不同的方向分化。比如在體外培養的條件下，給骨髓造

血幹細胞紅血球生成素（erythropoietin，EPO），它就會分化成紅血球。如果給它白血球介素 -7（interleukin-7，IL-7），它就會向淋巴細胞轉化。

　　當然，這只是一個大大簡化了的例子，體內的實際情況非常複雜，比如骨髓造血幹細胞在製造血球時，要先生成淋巴類幹細胞和髓類幹細胞兩大類。前者分化成三種淋巴細胞，包括 T 細胞，後者分化成四種髓質細胞，包括紅血球。而且在分化成 T 淋巴細胞的過程中，細胞還要通過胸腺，接受進一步分化成熟的信號。所以在人體內，細胞分化的方向是一個非常複雜和精密的過程。

　　在理想的情況下（沒有重大的基因缺陷，沒有嚴重的外來傷害，有良好的生活習慣等等），這些幹細胞可以維持我們一生的需要，源源不斷地提供新鮮的細胞替換補充老化死亡的細胞。有的人到了高齡仍然耳聰目明、思維敏捷、行動迅速、面色紅潤，就算生病和受傷也恢復得比較快，說明他們身上的「留守部隊」還有強大的生命力。按照中國人的說法，就是「元氣充足」，幹細胞和「元氣」的概念之間，看來真的有密切的關係，因為二者都有生命之源的意思。

　　可惜的是，許多人都達不到這種狀態。由於自身（基因、生活方式）和外界的原因，一些細胞提前衰亡，喪失功能。這使得我們聽力下降、看不清東西、牙齒脫落、頭髮稀疏、呼吸不暢、行動困難、關節磨損、傷口癒合緩慢、感冒久拖不癒，甚至得糖尿病、阿茲海默症、帕金森氏症等等，這些都是特定細胞衰亡的結果。從幹細胞的角度看，是這些負責更新的細胞本身喪失功能，從中國人的觀點來說就是「元氣不足」或「元氣大傷」。

　　另一種情況不是細胞衰亡，而是細胞變異。比如鐮刀形紅血球貧

血症，由於血紅素上一個氨基酸單位的變化，紅血球雖然生成，卻不能有效輸送氧氣，更壞的情況是細胞癌變，細胞不但不死，還無節制地大量增殖。從癌症發生原因的最新觀點來看，是在幹細胞階段發生突變，細胞不能按正常的途徑分化成熟，而是形成大量未充分分化的細胞。一個最明顯的例子就是白血病，血液裡有大量未充分分化的白血球，所以腫瘤也有自己的幹細胞，叫癌症幹細胞，只有它們才能在腫瘤擴散中起作用，在身體的其他地方落地生根，發展出新腫瘤，並且不怕化療，這是化療能殺死大部分的腫瘤細胞，卻不能根治腫瘤的原因。在這些情況下，突變的幹細胞本身就是疾病之源。

況且，就是在人體的最佳的狀態下，幹細胞的更新能力也有限，例如我們無法長出一個新的腎臟，也無法再長出一隻眼睛，甚至不能長出一個新的角膜。

為什麼要研究幹細胞？

現在世界上許多國家，包括中國，投入巨大的資源研究幹細胞，就是因為它有廣闊的應用前景，有望大大改變上面所說的三種狀況（細胞衰亡、細胞喪失正常功能和細胞癌變）。

首先，是在細胞層面上，可以更有效地替補和更新已經衰亡的細胞。一旦我們掌握了刺激體內的相關幹細胞的方法，或者找出從體外引入有活力幹細胞，到所需要治療的組織中的途徑，就可以根本改變目前自身幹細胞無法有效替補已經衰亡細胞的情況，比如：替補大腦中與記憶和思維有關的神經細胞，有可能反轉或治癒阿茲海默症；替補腦中分泌多巴胺的運動神經細胞，可以減輕或治癒帕金森氏症；使

胰島的 β 細胞再生可以治療糖尿病；使耳蝸裡的聽覺毛細胞再生可望恢復聽力；脫髮者有望重新長出頭髮；牙齒不全者可望重新長出牙齒；因心肌梗塞缺血死亡的心肌細胞可望被新的心肌細胞替代，使心臟恢復活力；用新的神經細胞連接損傷的脊髓，有望使癱瘓患者重新站起來；甚至吸菸者被煙霧傷害、燻黑的肺泡細胞也有可能被替換，獲得活力十足的新肺臟，這方面的例子可以說不勝枚舉。

對於喪失功能的細胞，比如鐮刀形紅血球，可以在人體內引入正常的造血幹細胞，或從患者的骨髓中取出造血幹細胞，放入正常的血紅素基因，再輸回患者體內，以生成功能正常的紅血球；對於白血病，也可以用正常骨髓的幹細胞來取代患者的骨髓，生產出正常的白血球；對於其他腫瘤，就要找到消滅癌症幹細胞的辦法，比如刺激細胞程序性死亡（programmed cell death 或 apoptosis），或找到阻止這些癌症幹細胞生成新細胞的方法，從源頭消滅腫瘤。

由於在理論上，幹細胞有生成身體內所有細胞的能力，科學家還有更遠大的目標，就是用自身的幹細胞長出新的組織或器官，比如長出成片的皮膚用於大面積燒傷患者，長出新的角膜使眼睛重獲光明，長出新的血管來代替已經損壞或堵塞的血管。甚至希望在體外長出整個器官，如心臟、肝臟、腎臟等，這樣不僅能解決器官移植中器官來源的問題，也避免了異體器官移植的排斥。

如果這些目標都能實現，那我們每個人都可以儲存一些自己的幹細胞，以備在需要的時候可以長出自己所需要替換的細胞、組織甚至器官。我們也許不能複製一個完整的個人，卻有可能複製身體的許多部分，用以取代失去的和病變的部分。

為什麼不同的細胞類型之間可以相互轉換？

　　為什麼幹細胞技術有這麼大的本事，可以突破體內的限制，隨意把一種細胞變成另一種細胞呢？回答很簡單，就是除生殖細胞和沒有細胞核的紅血球和血小板外，人體內所有的細胞（叫體細胞，以與生殖細胞相區別）都含有完全相同的遺傳物質，也就是生命的全部藍圖，即 DNA。這裡 DNA 的意義是狹義的，即只是核苷酸的順序，不包括其上面的修飾，如甲基化和上面結合的組織蛋白的乙醯化，沒有一種細胞能使用全部藍圖。不同細胞之間的差異只是你使用這一部分藍圖，我使用另一部分藍圖。如果有一種方法能使兩種細胞使用的藍圖部分互相對調，那麼一種細胞就可以變成另一種細胞。

　　細胞的功能是由蛋白質執行，一種細胞產生什麼蛋白質，就決定了它是什麼細胞。比如產生胰島素的細胞就是胰島的 β 細胞，產生肌纖維的就是肌肉細胞，產生抗體的就是血液中的 B 細胞。因為蛋白質是由 DNA 序列（叫做基因）編碼，所以它的訊息是儲存在 DNA 當中。每個體細胞都含有所有蛋白質訊息的 DNA 序列，所以在原則上，每個細胞都有合成所有蛋白質的潛力。

　　在細胞分化的過程中，根據細胞分化的方向，有的基因被活化了，但大多數的其他基因就被關閉了。哪些基因被活化就決定了形成的是什麼細胞，所以皮膚不能分泌胰島素，肝上也長不出牙齒來。在人體中，這種分化過程是不可逆的，一種已經分化的細胞也不能變成另一種已分化的細胞；但是幹細胞技術可以突破這種限制，根據我們的需要，把一種細胞變成另一種細胞，這就是幹細胞技術的威力。

　　例如，每種蛋白質就像餐廳做出來的菜，而它對應的 DNA 序列

就像菜單，下令怎麼生產這個蛋白質。每個餐廳（細胞）裡都藏有世界上所有菜的菜單，也就是每個餐廳裡都有菜單大全。不過這些菜單都分別鎖在一個個箱子裡，不能任意打開。每個餐廳在申請階段只能領到一把鑰匙，打開其中的一個箱子，做這個箱子裡菜單規定的菜，比如你做川菜，我做粵菜，他做法國菜等等。其他的箱子都被鎖上了，菜單也拿不出來。DNA 的甲基化，組織蛋白的去乙醯化，都是把箱子鎖上的機制，而幹細胞什麼特殊的菜也不做，只維持著自己的狀態，等著外面的要求，看去開什麼餐廳。

如果你不想做法國菜了，想改做川菜，這在人體中是不被允許的，領了鑰匙就不能換，哪怕這條街上有十家法國餐廳，你也不能關閉其中一家，改為川菜館。就像我們的身體裡有數以兆計的皮膚上皮組織，也不能用其中的一些去替換區區數千個耳蝸裡的內毛細胞一樣。

但幹細胞技術說：可以，你先把原來的鑰匙交回，停止做法國菜，連做法國菜的廚具和材料也全部丟掉，把裝法國菜菜單的箱子也鎖上，回到什麼菜也不做的狀態（幹細胞狀態）。這樣就可以重新申請，改領裝四川菜菜單箱子的鑰匙。因為做四川菜的菜單原先就在你的餐廳裡，只是鎖起來了。你拿回鑰匙就可以打開箱子，把做川菜的菜單拿出來。這樣川菜館就可以開張了。

若還沒有開餐廳（幹細胞），就給你一把鑰匙，去開張想要的餐廳（所需要替補的細胞）；已經營業的餐廳（已分化細胞）就先停業（回到幹細胞狀態），再另開所需要的餐廳（再分化成需要替補的細胞），這就是幹細胞技術。

幹細胞的來源

既然幹細胞技術在理論上完全可行，它們的開發和利用又有如此大的意義，科學家也就在盡一切努力來獲取各類幹細胞，下面是目前人體幹細胞的幾種主要來源。

（1）胚胎幹細胞

由於胚胎本來就是準備發育成一個完整的人體，所以一開始人們對胚胎幹細胞寄予的希望最大。得到胚胎幹細胞最適當的時機，是在受精後 5～7 天的囊胚期，這時外面的包層將發育成胎盤，裡面的一團細胞（內細胞團）還沒有分化，其中每一個都是全能幹細胞，能夠發育出除胎盤以外人體所有類型的細胞。將這些細胞取出，放在適當的培養環境中，就可以生成胚胎幹細胞的細胞株（細胞株是可以在體外由人工長期培養而不顯著改變的細胞），供進一步的科學研究使用。目前，人類胚胎幹細胞的主要來源是在人工授精中產生，後來因種種原因沒有使用的胚胎。

由於這個過程要破壞本來可以發育成人的胚胎（哪怕當事人已經不打算使用），這個方法引起了一些人的反對和抗議，認為是謀殺。所以這個辦法在美國受到限制，聯邦法官甚至禁止國庫資助人類胚胎幹細胞的研究；另一個困難，是培養這些細胞的條件非常苛刻，極費人工，包括要每天更換昂貴的培養液，還需要用一定天數（早或晚都不可以）胎鼠的成纖維細胞作為飼養層（並不是要吃這些胎鼠細胞，而是透過它們獲得控制信號）；還有一個困難，是培養液中不能有任何抗生素，而要這樣長時期頻繁的更換培養液又不被微生物汙染，不易做到。

這些麻煩和困難使得許多實驗室望而卻步，更令人擔憂的是，培養中的人類胚胎幹細胞始終與胎鼠的細胞接觸，這就有人細胞被老鼠細胞汙染的危險，包括被老鼠細胞所攜帶的病毒感染等等。所以人的胚胎幹細胞理論上用處最大，但實際操作困難，作為理論研究很有價值，但離臨床應用還有相當距離。

（2）胎兒幹細胞

發育十個星期以上的胎兒已經發育出各種組織，由於這正是這些組織快速形成的時期，它們裡面含有大量的組織專一性幹細胞，可以從流產的胎兒中獲取。這些幹細胞已經不能分化成人體所有的細胞，但是能夠形成與所在組織有關的細胞，是研究組織形成過程的好材料，培養條件也比胚胎幹細胞容易，可以用商品的小鼠細胞株作為飼養細胞，不用自己去提取胎鼠成纖維細胞。

（3）臍帶血幹細胞

新生兒出生時，臍帶裡還殘留著胎兒的血液，裡面含有大量的造血幹細胞，由於這些幹細胞是在人體發育的早期形成的，組織專一性抗原（引起另一個體組織排斥的細胞表面物質）的表達程度還比較低，因而可以比較容易地應用在其他人身上，而不像骨髓移植那樣需要嚴格的配對。經過誘導，這些造血幹細胞還可以發育成其他系統的細胞，所以實用性很強，許多國家都在建造臍帶血的血庫，以便以後為自己或者別人使用。

（4）羊水幹細胞

羊水中也含有大量的幹細胞。這些幹細胞來自胎兒，活性很高，可以分化成脂肪細胞、成骨細胞、肌肉細胞、肝細胞和神經細胞，甚至心臟瓣膜，而且癌變危險性低，目前科學家正在進一步發掘這些幹

細胞的能力和用途。這些幹細胞容易獲得，在懷孕的各個時期都能抽取，甚至能從分娩後的胎盤得到。它們類似於胚胎幹細胞，又沒有毀壞胚胎的問題，既能為嬰兒自己以後使用（比如換心臟瓣膜），也可以供其他人使用，被看作是很有前途的幹細胞。美國已於 2009 年建立了第一個羊水幹細胞庫。

(5) 成人幹細胞

顧名思義，這些幹細胞是從成年人身上取得的。它們都有組織專一性，也就是在體內只能生成與某種組織相關的細胞。最容易取得和應用最廣的是骨髓幹細胞，其中包括造血幹細胞（hemopoietic stem cells）和間充質幹細胞（mesenchymal stem cells）。前者分化出所有類型的血球，後者可以產生骨細胞、軟骨細胞和脂肪細胞。骨髓捐贈者被取的骨髓只占全身骨髓很小的一部分，而且可以在幾個星期內恢復，不會影響身體健康。

從其他器官和組織，比如從皮膚、小腸、大腦、眼睛、胰臟、肝臟、脂肪、肌肉等提取的幹細胞，目前還處於研究階段。最近發現，胸腺裡也含有大量的造血幹細胞，是成人幹細胞的另一個方便和豐富的來源。

(6) 誘導性多能幹細胞

這些本來不是幹細胞，而是人體已經分化了的細胞，比如皮膚的上皮組織。如果從外面引入幾個轉錄因子（控制基因開關的蛋白質，比如 Oct4、Sox2、Klf4 和 c-Myc），這些細胞就能反分化，即退回到未分化狀態，而且可以從那裡分化為多種類型的細胞。這個方法最大的優點是可以從體細胞（所以容易得到）製造出患者自己的幹細胞，給患者自己治病。還可以把生病的細胞變成幹細胞，在體外長出

帶那種病的細胞,用於研究該疾病的一些特點和治療方法,包括篩選藥物。不過目前誘導的成功率還很低,從 0.1% 到 1%,而且要用病毒的 DNA 作為載體把這些轉錄因子的基因送到細胞中。這些病毒 DNA 在完成載體的任務後,就永遠存留在細胞的 DNA 內,形成潛在危險。科學家正在試驗不用病毒載體的方法,也取得了一些進展,如果能解決效率和安全性的問題,誘導性多能幹細胞也是一個很有價值的方向。

如何從大量的已分化細胞中識別和分離幹細胞?

比起已分化細胞,我們身體內幹細胞很少,要從已分化細胞的汪洋大海中識別出這些幹細胞,並把它們分離出來,不是一件容易的事。只有在 1980 年代對幹細胞的提取分離技術出現突破之後,幹細胞研究才得以迅猛發展。

首先是要識別幹細胞,把幹細胞和已分化細胞區分開。這主要是利用細胞表面的一些特殊抗原(能在另一個機體中引起免疫反應的分子。很多是醣蛋白,即上面連有醣鏈的蛋白質)。不同的細胞表面有不同的細胞表面抗原,相當於我們的衣服上佩戴的徽章,表明我們是哪個部門的人,我們也可以透過這些「徽章」來識別不同的細胞。

這些「徽章」的名字一般都冠以「CD」這個前綴,比如 CD19、CD34,等等。「CD」是「cluster of differentiation」的縮寫,直譯就是細胞分化時的細胞表面分子簇,一般翻譯為白血球分化簇,是白血球在分化過程中細胞表面上出現的抗原。現在這個名稱也被應用於其他細胞,包括幹細胞的特異表面抗原。為了避免由不同

實驗室自行編號引起的混亂，這些抗原由國際人類白血球分化簇的工作組統一編號，目前已經有超過 320 種冠以 CD 的抗原。

一個「徽章」常常不足以鑑定一種細胞，但幾種「徽章」的結合就能準確地判別一種細胞，包括幹細胞。比如所有的骨髓造血幹細胞表面都有 CD34，但有 CD34 的不一定就是造血幹細胞。它所形成的分化細胞的前體細胞也有 CD34。要區分造血幹細胞和前體細胞，就要看有沒有另一個「徽章」。造血幹細胞表面沒有 CD38，一旦 CD38 出現，它就不是幹細胞，而是朝分化方向走的前體細胞了，但是還帶有幹細胞表面抗原（CD34）的痕跡。我們用加號表示有某種抗原，用減號表示沒有這種抗原。這樣我們就可以用 $CD34^+CD38^-$ 來表示造血幹細胞表面的抗原狀況（有還是沒有某種抗原），而用 $CD34^+CD38^+$ 來表示造血前體細胞表面的抗原。如果 CD34 消失了，也就是變成 $CD34^-$，那就是說明細胞已經分化了，連幹細胞的痕跡也沒有了。

如果 CD34 消失，同時 CD45 出現，那就是已經分化的血球了。也就是說，$CD34^-CD45^+$ 是分化的血球的特徵。而具體是哪種血球，又可以從這些細胞表面的其他「徽章」看出來。例如有 CD3 的就是 T 細胞，有 CD19 的就是 B 淋巴細胞。如果有辦法「看到」各種細胞表面的這些「徽章」，就可以判定它們是什麼細胞。

但是這些「徽章」在顯微鏡下是看不到的，太小了。要知道它們的存在，需要一類特殊的識別分子，那就是抗體。抗體是動物體內產生的，專門用來識別外來物質的蛋白質分子，具有很高的專一性。這些抗體一旦遇到與它們相對應的抗原，就會緊密地結合在上面。如果在抗體分子上再連上螢光基團，那被抗體結合的細胞就會在雷射照

射時發出螢光（波長與激發光不同的光）。這些細胞就比較容易看見了。螢光的就是有這種抗原的細胞，不發光的細胞表面就沒有這種抗原。如果與不同的抗體相連的螢光基團能發出不同的顏色，那我們就可以憑顏色來同時識別幾種細胞。如果再能按照細胞發出的螢光的顏色來分離細胞，就可以把具有各種表面抗原的細胞分開收集。這就是流式細胞儀（fluorescent activated cell sorter，FACS）的工作原理。

例如把有 CD34 抗原的細胞標記成紅色，把有 CD19 抗原的細胞標記成綠色。其他的細胞因為沒有這兩種抗原，所以不被標記。讓含有這些細胞的溶液通過一根透明的細管，每次只能通過一個細胞。在通過細管的過程中，細胞被雷射照射，發出紅光、綠光或不發光。如果機器發現發紅光細胞，就給它帶上負電。發現發綠光的細胞，就給它帶上正電。不發光的細胞就不給它帶電。然後細胞從管子裡一個個地被噴射出來，進入分類倉，在這裡有外加的電場。細胞根據它們所帶的電荷，運動方向發生相應偏轉，進入不同的收集管。沒有電荷的細胞則不發生偏轉。以這種方式，發紅色光和發綠色光的細胞就可以和其他細胞分開。

這只是一個簡單的例子，由於一種細胞要多種「徽章」才能被完全確定，在實際操作中同一種細胞常被多種抗體標記，發出多種顏色的光。透過各種濾光片，機器能夠同時檢測到這些顏色的光，並給出相應的分離指令，將需要的細胞分離出來。現在的 FACS 機器，每秒鐘可以分離數以千計的細胞，是幹細胞研究不可缺少的工具。

這樣分離得到的幹細胞，還要進行一些細胞內狀況的測定（主要是基因表達的狀況），進一步證實它們是所需要的幹細胞。最後，也

是最重要的測試，是功能測試，即看它們是否真的具有幹細胞的性質（自我複製和分化成特定的細胞）。經過所有這些測試，就可以使用它們了。

幹細胞也會老化嗎？

對這個問題的研究還不多。但是從人老化的狀態，可以推測幹細胞的功能也是會隨著年齡逐漸降低。到底是幹細胞自己也會老化，還是它們的環境惡化，功能無法發揮？

答案應該是兩者都有。幹細胞也會受到輻射和有害化學物質的傷害，數量、活力都會逐漸降低；但是幹細胞有強大的自我修復能力，應該比身體的其他細胞更能抵抗老化。有一種學說認為，人到老年時幹細胞逐漸失去功能，主要的原因並不是由於幹細胞自身出了問題，而是它們周圍的環境惡化，不能再給幹細胞提供最佳的居住和工作條件，使幹細胞的能力無法施展。證據是：老年鼠睪丸中，只有已經不能有效生成精子的精原幹細胞，而如果把老年鼠的精原幹細胞移植到年輕鼠的睪丸中，並且每三個月轉移一次，它們可以活躍地生成精子達三年之久，超出老鼠的壽命。人去世時，身體裡也還有許多具有活力的幹細胞。所以我們應該注意保持身體總體健康狀況，這不僅是我們日常生活的需要，也是為了使幹細胞能正常運作。

幹細胞應用中的風險

儘管幹細胞看來具有極大的應用價值和前景，但除了已經提到的技術上的困難外，其潛在的風險也不可忽視。

　　現在對於幹細胞的研究，主要是在體外摸索保留幹細胞狀態的條件，以便在人工條件下長期保留和增殖幹細胞；同時用各種方式誘導性多能幹細胞，使它轉變為我們所需要的細胞。重複體內保存和分化幹細胞的過程，可以盡可能地模仿體內的條件，但畢竟體內的環境和條件不可能完全在體外重現，勢必要使用一些新的條件和技術。如果要幹細胞在體外做更多的事，比如要骨髓造血幹細胞轉化為神經細胞或肌肉細胞，讓單能幹細胞變成多能幹細胞，讓多能幹細胞變成全能幹細胞，更必須採用與體內過程不同的途徑。

　　換句話說，科學家希望幹細胞能分化成的細胞類型越多越好，從細胞分化的意義上說，就是幹細胞的狀態越原始越好，這樣想要什麼細胞，就能從幹細胞長出什麼細胞。而且還希望幹細胞分化出來的前體細胞要有強大的繁殖能力，這樣從同樣數量的幹細胞，就能發育出盡可能多、所需要的細胞。

　　但是，低度分化狀態和高繁殖能力正是腫瘤細胞的特點。幹細胞與腫瘤細胞在許多重要的性質上也很相似，包括高端粒酶的活性（保護 DNA 的末端在細胞分裂時不變短）和抵抗啟動細胞程序性死亡的能力，而且腫瘤細胞也從它們的幹細胞而來。在人工複製羊和用誘導性多能幹細胞形成胚胎時，常常得到畸胎瘤（teratoma）而不是正常的胚胎。各式各樣的體外操作，表面上達到了（比如得到了想要的神經細胞），但這樣取得的細胞和人體內的細胞有何差別，一旦植入人體後的結果如何，就是很難回答的問題。正常幹細胞和腫瘤幹細胞之間的差別，也許就在某個微小的轉換機制上。但「差之毫釐，謬之千里」，一步走錯，後果就完全不同。

　　還有前面已經提到的，目前人體幹細胞的培養，在很多情況下還

不得不用老鼠的成纖維細胞為飼養細胞，以模擬體內幹細胞的生存條件；以及在誘導性多能幹細胞中，用病毒 DNA 為載體把人的基因放入細胞的做法，都有潛在的風險。但與幹細胞變為腫瘤細胞的風險相比，這些還是暫時性的困難。

所以，幹細胞的應用前景很誘人，但還有巨大的困難需要克服，我們在翹首期望的同時，也需要有一些耐心。

7.2 我們能不能透過複製自己而達到「長生不老」？

「長生不老」是人類自古以來就有的願望。作為「萬物之靈」，人類的居住和生活條件遠超過其他動物，而且人類還有豐富的精神生活和各種物質財富，自然想盡可能長久地享受這一切。人對自然和社會的好奇心，對更好生活的渴望，也使人們希望能活得更久，以便有機會改變命運，享受社會和科技發展所帶來的種種好處。從古代的煉丹，尋求「長生不老藥」，到近代的各種「抗衰老祕方」，無不反映了這種願望。

但是長久以來，「長生不老」只是一個無法實現的夢。前人早就明白了「人生自古誰無死」的無情現實，精神和思想可以留存，身體卻做不到青春永駐。我們只能延緩衰老，但終究避免不了生命終結的歸宿。

科學技術的發展似乎給人帶來一絲希望。早在幾十年前，科學家就可以把細胞冷凍在零下 196℃ 的液態氮中長期保存，需要時再使它們「解凍」，重新生長繁殖。人體是由細胞所組成，細胞可以凍而復活，那人體也有希望做到吧？在這個想法支配下，國外出現了人體冷凍公司，在液態氮中保存人體，等到醫學發達後再「解凍」復甦，

並且治療好原先致死的疾病。

但是冷凍幾十公斤重，由幾十兆個細胞組成的人體，和冷凍單個細胞畢竟是兩回事。迄今為止，還沒有任何大型動物能夠從這樣的深凍狀態中恢復生命跡象，更不要說人要從這樣的情況下甦醒，並且還要健康地生活；而且在冷凍期間，人無知無覺，就是幾千年後能復活，這段時間也不能算生活。

真正給人類帶來「長生不老」希望的，還是近年來出現的「生物（特別是哺乳動物）複製」技術。從動物身上取下一個細胞，把它的細胞核植入去掉細胞核的卵細胞中，就可以形成像「受精卵」那樣的細胞，並且發育成活體動物，英國的複製羊「桃莉」就是這樣誕生的。2009 年，中國科學家用小鼠的皮膚細胞，以及四種外來基因的「誘導」下，也製造出了類似受精卵的細胞，並且培育出二十七隻小鼠，這些小鼠不僅健康，還能夠繁殖後代。

由於複製出來的動物和被複製的動物具有完全相同的遺傳物質，前者可以看成是後者的嚴格「複製品」。而且羊和小鼠都是哺乳動物，在生理結構和功能上和人非常相似。既然它們能夠被成功地複製，那理論上人也完全可以被複製。這看上去才是人類實現「長生不老」夢的真正希望：個體衰老後，取下一點細胞，又可以造出一個「自己」。透過這個方法，同一個人就可以透過連續不斷的相同個體，達到「永生」。

不過這樣一來，倫理問題就出現了：複製的「我」也許比兒子甚至孫子還小，那他們應該叫我什麼？被複製的「我」是我的兒子（女兒），還是我的「延後的同卵雙胞胎」？數個「我」同時存在時，彼此如何區分？身分證怎麼發？而且如果每個人都用這個辦法「長生

不老」，那還要後代嗎？ 如果還要後代，那地球上能不能容納這麼多人？

而且在目前，動物複製技術還很不完善。用複製「桃莉」羊的細胞核轉移法，成功率極低。277 次試驗中，只有「桃莉」存活下來，而且壽命（六歲）只有正常羊壽命（十二歲）的一半。只有把「桃莉」的年齡和它「母親」（細胞提供者）的年齡（也是六歲）加起來，才是羊的正常年齡。所以被複製的動物年齡到底應該從出生開始算，還是從牠「母親」的出生日開始算，也是一個還沒有解決的問題。也就是說，重新造出的「我」的年齡，也許不能從新的「我」出生時開始算，而應該把原來的「我」的年齡也算上，也就是接續原來的「我」活著。如果是如此，那不同的「我」活著的總年齡，也許還是人的一般壽命。

不僅如此，在被複製動物時形成的胚胎中，絕大多數不能正常發育，流產和畸形胎是常事。這對動物還好，我們只需挑選正常存活的就行了。但是這對人可不得了，那些存活、但是畸形的「我」怎麼辦？

就算這些問題都能解決，那複製的「我」是不是真的另一個「我」呢？ 從現在人類的知識水準來看，答案是否定的。即使被複製的「我」具有和我完全一樣的遺傳物質，那也不可能成為真正的「我」。

原因就在於，一個「我」的形成，不僅有先天（遺傳）的因素，也有後天的因素。遺傳因素只能決定我們身體的性質，如膚色、血型、遺傳缺陷（如各種遺傳病）以及患各種病的機率等，但是不能決定我們的思想、經驗、知識和技能。這些後天形成的事物，既不能儲存於 DNA，也無法輸入到另一個人的大腦中。複製能傳下去的，只

有 DNA 攜帶的訊息。

人在出生時，腦中的神經元之間已經建立了初步的聯繫，比如控制心跳、呼吸、消化、排泄的神經迴路；但是，大量的神經聯繫還處於待命狀態，根據外來的信號和刺激決定保留和增強常用的聯繫、廢棄和淘汰不用的聯繫。而且這個選擇淘汰過程有一個關鍵期，過了這個時期，正常的神經聯繫就再也不可能建立。比如把小貓的一隻眼睛擋住，不讓牠接收視覺信號，以後這隻眼睛就看不見東西；被狼養大的「狼孩」，由於錯過了學習語言的關鍵時期，回到人類社會後也學不會說話。

所以人一旦降臨到這個世界上，外部刺激對大腦的「改造」就立即開始。由於每個人的經歷不同，輸入的信號不同，腦中所建立的聯繫也不同，就把人與人區別開。

例如我們在幼年時，吃的主要是家鄉的食物，特別是母親做的食物，這些味覺和嗅覺信號會在腦中建立聯繫，使我們習慣和喜好這些食物。所以我們在長大以後，即使在離開家許多年，也還是喜歡吃這些幼年常吃的食物。中國許多北方人一輩子喜歡麵食，而許多南方人一輩子偏好米飯；四川人長大後也多喜歡川菜，而廣東人一輩子首選粵菜。如果北方人在南方出生長大，他（她）也容易喜歡南方的飯菜，說明對於食物的偏好大多是後天的。這也是為什麼許多美國人明知垃圾食物對健康不利，也照吃不誤，因為他們許多人就是吃這些食物長大，只有吃這些食物時才感覺「舒服」。

新信號所建立的聯繫，又是在已經建立聯繫的基礎上完成。彼此之間會有聯繫和相互影響。比如聽到中學時常唱的歌，或者聞到那時聞過的花香，就會立即喚起年少時的感覺；學第二外語的人，很難不

帶有母語的口音，南方人到了北方，說話也改成普通話，但是南方人的一些發音特點（比如ㄌ和ㄖ不分，ㄣ和ㄥ不分），一輩子也難改過來。

如果把人腦比作一台電腦，那不僅硬體（神經細胞之間的突觸聯繫和神經迴路）要隨著經驗改變，軟體（已經有的訊息對於新刺激做出反應的影響）也在不斷地改變。即使電腦原廠設定裝有相同的基本程式（DNA 中的遺傳訊息），但是每台電腦的硬體和軟體都隨使用的情形在不斷改變，這樣日積月累，就沒有兩台完全相同的電腦。

所以複製的「我」不可能是完全相同的「我」，還有可能與我的想法和習慣格格不入。我的知識、經驗、習慣、愛好，也無法過繼給他。所以「他」只能有與我類似的身體，但卻完全是另外一個人。以前有人憂慮：萬一希特勒被複製，世界豈不又要遭浩劫？其實，就算希特勒的身體被複製，也會是一個不同的人，也許還是反對納粹的鬥士；同理，被複製的寵物貓和寵物狗，如果是在不同的環境中長大，也不會認識你，繼續當你的寵物，說不定還會咬你。

這樣說來，複製技術就沒有用了嗎？複製技術雖然不能複製真正的「我」，應用前景還是很廣的。我們可以用它來複製珍稀和瀕臨滅絕的動物，甚至使已經消失的物種（比如猛瑪象）重新復活。對於人類來講，複製技術所形成的多功能幹細胞，就有望修補和替代我們身體裡已經病態和死亡的細胞、組織，甚至器官。複製技術雖然不能使我們「永生」，卻可以為身體的零件生產替補零件。就像給老汽車換新零件，能延長汽車的壽命一樣，為身體更換已經用壞的零件，也能延長我們的壽命，活得更健康，不過生老病死是自然規律，仍不能用技術手段來打破。

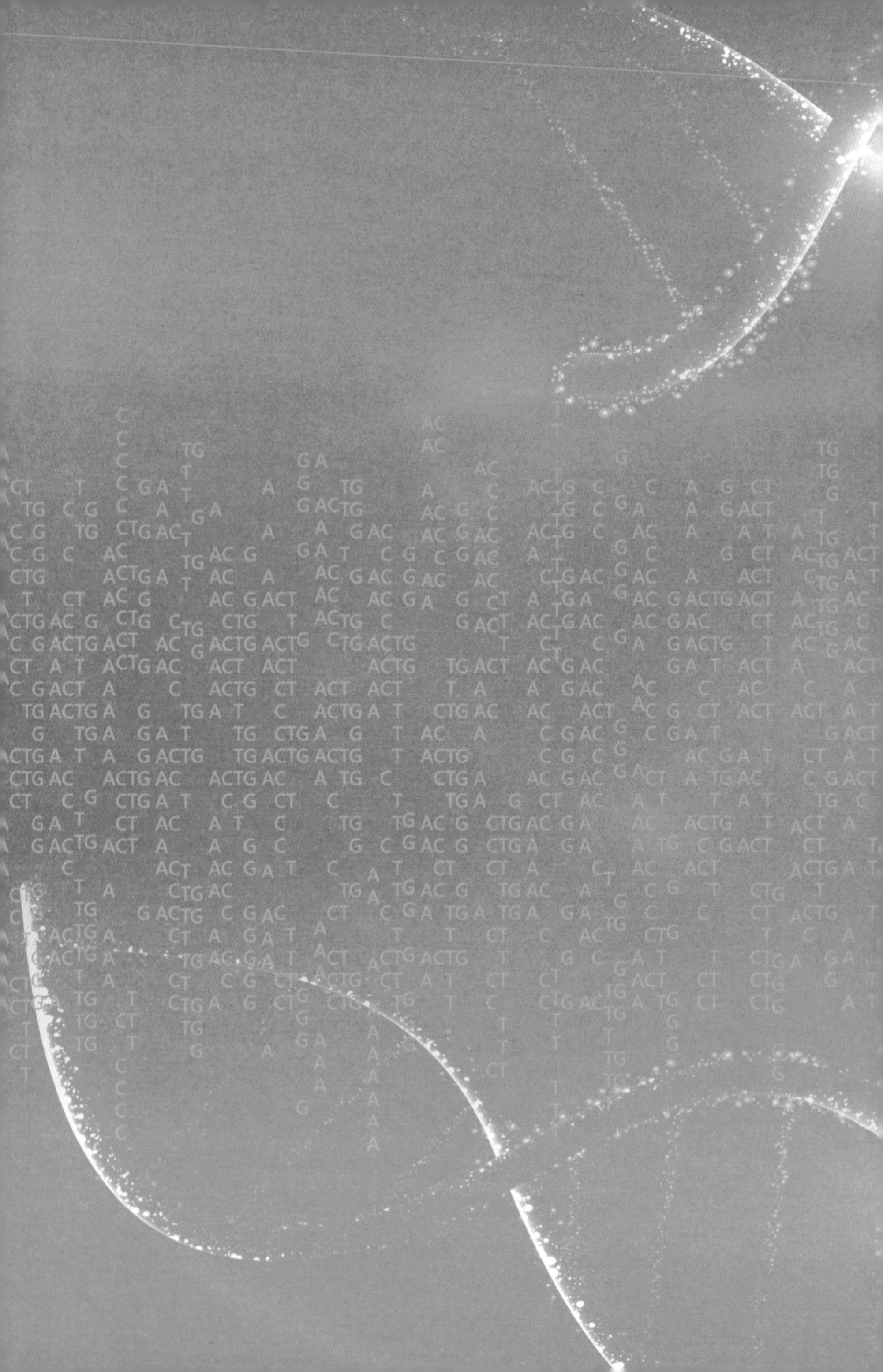

8

細胞的解毒和生殖細胞的永生

8.1 我們的機體如何解毒？

從熱力學的觀點來看，所有的生物，包括人，都是一種耗散結構，需要有物質和能量連續不斷地流過。一旦這種流動停止，生命也就終止了。從這個意義上講，我們的身體必須是對外開放，在物質不斷流入的過程中，許多有害的物質，包括微生物和各種化學物質，也會進入我們的身體。與此同時，有害物質也能在體內的物質代謝過程中生成。這些毒物會損傷我們的身體，危害生命，必須認真加以應對。

對於這些有害的物質，我們的身體有兩大系統來對付它們：對於微生物和生物大分子，我們的免疫系統能識別和消滅它們，最終使其在溶體（相當於細胞中的「垃圾處理廠」）中被消化掉。對於不能引起免疫反應的小分子，我們可以修改它們或限制它們的作用，最終將它們排出體外，這就是所謂的「解毒」。

解毒是一個很廣泛的概念，其具體內容隨毒物性質的不同而異。「毒」總體上可以分為外源性的和內源性的兩大類。外源性毒物有重金屬、藥物、食物添加劑、食物裡面的某些成分、烹調食物產生的新成分、農藥、各種化工產品、空氣汙染物（臭氧、一氧化碳、氧化氮、醛、酮）等。內源性毒物有過氧離子、自由基、各種代謝產物

等。對於不同性質的毒物，我們的身體有不同的解毒辦法。

我們身體的解毒系統有四大特點

1. 這些系統原來是為人體自身的化學反應所需，後來發展出對外來分子的解毒功能。原來的系統仍然在我們的生理活動中發揮著不可缺少的作用。例如：以膽固醇為原料的合成性激素，就需要一種細胞色素 P450（解毒酶的一種）的參與；金屬結合蛋白，本來就是用來結合和轉運對人體有用的金屬元素。

2. 解毒系統不是萬能的。由於這些解毒系統是從生物自身的化學反應系統發展而來，並不能對所有的外來物質解毒。比如一氧化碳、甲醛、超過一定數量的氰化物和砷化物、一些食品中的毒素（如河豚和毒蘑菇中的毒素）、蛇毒等，我們的身體都不能有效解毒，所以並不是「凡毒皆可解」。

3. 解毒系統可以被誘導。由於進入身體的外來毒物種類和數量不斷變化，這就要求人的解毒系統具有應變性，能根據外來物質進入身體的情況隨時調整自己的狀況，但這種可誘導性常常影響一些藥物的治療效果。

4. 解毒反應並不總是有利。工業化和現代化所帶來的環境、食物和藥物的變化很迅速，人類身體過去從未見過的許多化合物，在過去一百多年大量出現，而由於基因的變化相對較慢，我們身體的解毒功能卻不能及時跟上。在有些情況下，這套系統還會幫倒忙，把本來毒性小的物質「解」為毒性更大的物質。所以了解人體的解毒機制，才能發揮其長處，避免副作用。

下面具體介紹身體對幾大類毒物的解毒機制，其中對重金屬和自由基的解毒只作簡要介紹，重點是肝臟解毒的化學機制。

金屬元素及其毒性

（1）必需金屬元素

人體的生理活動需要各種金屬離子。有些金屬離子，比如鈉（Na）、鉀（K）、鈣（Ca）、鎂（Mg）離子等，是以可溶性鹽的形式存在的（骨骼中的磷酸鈣除外）。它們維持電解質平衡和細胞內外所需要各種鹽的濃度，並且與許多重要的生理過程有關，如主動運輸、神經脈衝的傳遞等，鈣離子還有訊息傳遞的作用。有趣的是，這四個元素在元素週期表中正好排在一起，成一個正方形。這四種元素的離子中，外層 s 軌域的電子已經完全失去，內層的電子又很穩定，所以它們在機體內不參與氧化還原反應。

另一些金屬元素，包括鉻（Cr）、錳（Mn）、鐵（Fe）、鈷（Co）、鎳（Ni）、銅（Cu）、鋅（Zn）、鉬（Mo）等，則主要結合於蛋白質分子上，作為蛋白質的助手（輔因子），參與蛋白質的生理功能。比如鐵結合於血紅素上，參與氧的運輸；鐵和銅參與細胞內的氧化還原反應；作為脂肪酸氧化酶輔因子的維生素 B12 含有鈷，核苷酸，還原酶含有錳，尿素酶含有鎳，醇脫氫酶含有鋅，醛脫氫酶含有鉬等等。因此，這些元素被稱為必需金屬元素。

有意思的是，這些人體所需要的金屬元素（除鉬以外）在元素週期表中也都排列在一起，位於同一週期內。除鉬（其原子序，即原子核中質子的數量為 42）以外，它們都是比較輕的元素（原子序從

24～30）。它們都不屬於主族元素，而是過渡金屬元素。除鉬以外，以上元素變化的是它們外層（第四層）s 軌域電子和裡面一層（第三層）的 d 軌域電子，多能以變價離子的形式存在，因而能夠成為許多參與氧化還原反應的酶或電子傳遞分子的輔因子，為我們身體的生理活動所必需。

但正是因為它們具有氧化還原特性，當它們處於游離狀態時，也會催化一些對身體不利的化學反應。例如在細胞內產生的過氧化氫（H_2O_2）如果遇到二價的游離鐵離子（Fe^{2+}），就會被催化變成氫氧根自由基（OH·）和氫氧根離子（OH⁻）。這個反應是由英國化學家費頓（Henry John Horstman Fenton，1854—1929）發現的，所以叫做費頓反應：

$$H_2O_2 + Fe^2 + Fe^3 + + OH· + OH⁻$$

氫氧根自由基和氫氧根離子的化學反應性都非常強，能和許多生物大分子反應，破壞這些分子。

金屬離子也對巰基（－ SH，即硫氫基）中硫原子具有親和力，能結合於蛋白質中的半胱氨酸的側鏈，影響蛋白質的功能。因此，這些金屬元素的濃度如果超出所需的量，也會成為毒物。

為了防止這些金屬元素以游離的離子形式存在，有機體內有一種專門的金屬結合蛋白（metallothionein，MT）。它含有大量（約32%）的半胱氨酸，能夠使絕大部分的過渡金屬離子處於結合狀態，以降低其毒性。這同時也是一種儲存和調節這些金屬離子在體內濃度的方式。

（2）有毒的重金屬元素及其解毒

有毒金屬是指不為人體的生命活動所需，而又能在我們體內引起

不良後果的金屬元素，如汞、鉛、鎘等。這些金屬的原子序一般都比較高，電子層結構複雜，不但不能被我們的身體利用，還會干擾生命活動的進行，成為毒物；更危險的是，這些重金屬一旦進入身體，它們的排出速度很慢，可在身體裡存留幾十年。汞和鎘主要積聚在肝和腎中，汞還能輕易地跨越血－腦屏障，進入腦部，鉛主要積聚在骨中，能持久損害身體。

這些重金屬離子進入人體以後，能夠直接催化過氧化物和自由基的產生，破壞細胞和生物大分子的結構，它們也能與蛋白質中的半胱氨酸結合，影響蛋白質的生理功能。它們還能與細胞內主要的抗氧化劑和解毒劑穀胱甘肽（由麩胺酸、半胱氨酸和甘氨酸組成的三肽）結合，降低其濃度，從而降低肌體對其他毒物的解毒能力。

人類的祖先從食物和環境中就接觸到各種金屬離子，所以我們的身體也早有應對毒性金屬離子的機制。因為只有游離的重金屬離子才有明顯毒性，而降低其毒性的方法之一，就是用特殊的蛋白結合。上面談到的遏止必需金屬元素毒性的金屬結合蛋白，也能結合這些有毒金屬離子，減輕它們的毒性；更重要的是，這種蛋白的濃度還會因為金屬離子濃度的增加而增加，也就是可以被金屬離子誘導，強化身體對抗金屬毒性的能力。

因為金屬離子毒性的另一個表現，是降低細胞中對解毒有重要作用的穀胱甘肽的濃度，有機體對此的反應就是增加穀胱甘肽的合成。這是透過增加這個合成過程的限速酶——穀胱二肽合成酶來實現的。

但是，如果有過量的有害金屬進入身體，或身體長期接觸重金屬，會使以上兩種蛋白嚴重消耗，不再能有效降低這些金屬離子的毒性，就會影響身體健康。所以人對有毒金屬的解毒能力有限，最好的

辦法是減少或避免這些有毒的金屬元素進入體內。

如果短時間內有大量重金屬進入身體（急性中毒），以上兩種蛋白就不足以解除它們的毒性了。這時就要使用金屬螯合劑，比如乙二胺四乙酸（ethylenediaminetetraacetate，EDTA）、二硫代琥珀酸（meso-2，3-dimercaptosuccinic acid）等，幫助將它們排出。

活性氧化物質和自由基的生成及解毒

在地球上生命形成的早期，大氣中幾乎沒有氧，那時的生命靠分解有機物或利用還原物質（如硫化氫）維持生命活動的能量。這種低能量供給不足以支持大能量的活動，所以地球上的生物也只能是簡單的單細胞生物。

能進行光合作用微生物的出現，使大氣中出現氧氣，也產生了以氧為電子受體、能生成大量高能量化合物 ATP 的氧化磷酸化系統，使高等生物（包括人）的出現和發展成為可能。

但是，在享受氧帶給我們生命時，也受到氧的危害。氧是一種非常活潑的元素，有強烈獲取電子的傾向。它能使鐵生鏽、油變質，引起火災和煤礦爆炸，也能從我們身體裡化學反應的中間步驟獲取電子，形成氧負離子和其他活性氧化物質（reactive oxygen species，ROS）及自由基，這些物質能和體內其他生物分子相互作用，破壞這些分子，損害我們的身體。

有多種途徑可以在我們體內產生這些有害物質。首先，細胞內的一種胞器叫過氧化體（peroxisome），在其脂肪酸的氧化過程中就會產生過氧化氫；其次，電離輻射會產生自由基，比如我們坐飛機，

在高空就會受到的較強的宇宙射線輻射，在我們的身體裡產生自由基；最後，如前面所談到的，金屬離子的毒性之一，就是催化活性氧和自由基的生成。

與上面說的三種途徑相比，我們身體內產生氧負離子的主要場所是粒線體。粒線體（mitochondria）是人體細胞內的「發電廠」，即產生高能量化合物 ATP 的主要場所。食物中的碳和氫在粒線體中被轉化為高能電子，沿著一條電子傳遞鏈傳到氧，最後生成水，在電子傳遞過程中釋放出來的能量就被用來合成 ATP。

在電子傳遞的過程中，有一步是要經過一個叫輔酶 Q10 的脂溶性分子。由於輔酶 Q10 傳遞電子要經過半醌（醌接受一個電子）階段，氧就能從這些半醌中獲取電子，生成氧負離子（O^-_2）。這是一個非酶反應，即身體中一種有害的不良反應。正因為如此，粒線體中含有大量的超氧化物歧化酶（superoxide dismutase，SOD），負責將氧離子變成氧和過氧化氫：

$$O^-_2 + O^-_2 + 2H^+ \rightarrow O2 + H_2O_2$$

過氧化氫又可以被過氧化氫酶（catalase）分解，成為氧和水：

$$H_2O_2 + H_2O_2 \rightarrow O_2 + 2H_2O$$

人體裡還有過氧化物酶（peroxidase）。與過氧化氫酶不同，它可以用 NADH 作為氫予體，把過氧化氫還原成水，而不生成氧：

$$NADH + H^+ + H_2O_2 \rightarrow NAD^+ + 2H_2O$$

穀胱甘肽過氧化物酶也能利用穀胱甘肽（這裡簡化為 GSH）的還原能力，將過氧化氫還原成水：

$$2GSH + H_2O_2 \rightarrow GSSG + 2H_2O$$

因此，我們的身體內有一整套系統來對付這些活性含氧分子。另

外，一些食物中的成分，如維生素 C 和維生素 E、植物中的多酚，也被當作抗氧化劑使用。然而，數次世界範圍、大規模的對照實驗並沒有證實這兩種維生素的保護作用，而且過多劑量的維生素還會有副作用。

一個可能的解釋是，清除活性含氧分子的酶作用非常迅速，而維生素和多酚與這些含氧分子的反應不是被酶催化，速度僅為前者的 $1/10000 \sim 1/1000$；提純的維生素得不到蔬果中其他物質的配合，也許是另一個原因。

人肝臟的解毒功能

人類的祖先是雜食者，各種動物（包括昆蟲）和植物都可以作為食品。因為目前地球上所有生物都來自共同祖先，具有相同的基本生命模式和「建築材料」，所以彼此都可以作為食物，特別是動物，直接或間接地從植物獲取營養。

然而，生物之間畢竟已經有了很大的差別，不同生物也各有了所需的特定物質，這些物質就不一定是人類所需的了，有的甚至還有害，動物吃下後必須加以處理。植物為了減少被動物食用，也發展出一些動物不喜歡或對動物有害的物質，如各種生物鹼。動物為了繼續吃植物，也發展出對付這些物質的手段，所以人的解毒系統也是與植物抵抗鬥爭的結果。

由於這些物質主要是小分子，不能如病毒、細菌那樣引發免疫反應，所以我們的免疫系統在這裡派不上用場，身體必須用不同的方法對付它們。

為了從其他生物獲得所需的養分，用於建造身體和獲得能量，同時減輕或消除食物中無用或有害的小分子，我們的身體演化出一整套解毒系統。這套系統在身體許多細胞裡都存在，但主要存在於肝臟，因為食物經消化道吸收後先沿著肝門靜脈到肝臟，所以這裡可以看作人體的海關，一切外來物質都首先到達這裡，經過檢查。有害的東西被沒收銷毀，而不是原封不動地到達身體的其他組織。因此說到人體解毒，主要是指肝臟解毒。

在現代社會中，除了傳統食物中的外來物質，每日還有大量的各種人工化合物，如化學合成的藥物、食物添加劑、殺蟲劑及其他工業產品，經過口服、呼吸道和皮膚吸收進身體。其中有些物質具有毒性或能致癌，也需要解毒系統加以處理。在進入人體的物質大大複雜化的情況下，我們的解毒系統顯得更重要。

對這些化合物解毒的主要原理：①使它們變得更溶於水，因而能更容易被排泄出去；②修改它們的官能基團，降低它們的毒性。

為了理解這些原理，有必要先了解分子溶於水和不溶於水的原理。這就是分子的親水性和親脂性。這兩種基本的性質不僅是解毒過程的基礎，也是地球上所有的生命起源和發展的基礎（參見本書 2.1 節分子之間怎樣相互識別？）。

（1）水分子是局部帶電的極性分子

要了解為什麼有些物質溶於水，首先需要了解水自身的性質。水分子由一個氧原子和兩個氫原子組成（H_2O），氫原子和氧原子透過共用彼此的電子聯繫在一起。由於氧原子獲得電子的能力很強，這些共用電子並不是平等分享，而是偏向氧原子。如此，氧原子就帶部分負電，氫原子帶部分正電。

　　而且這兩個氫原子並不是位於氧原子兩邊，形成一個線性分子，而是伸向一邊，彼此有 104.5°的夾角。如此，分子的正電荷中心和負電荷中心不重合，形成氧原子的負極和氫原子的正極，所以水分子是極性分子。

　　既然水分子有正極和負極，那水分子之間就可以憑正電和負電而互相吸引，這樣由帶部分正電的氫原子和另一個分子上帶部分負電的原子（不一定是氧原子，也可以是氮原子）所形成的聯繫叫做氫鍵。它和分子內由共用電子對形成的化學鍵（共價鍵）不同，強度也不如共價鍵大，卻是分子之間相互作用的力。

　　（2）　親水性和親脂性

　　水分子部分帶電的一個重要結果，就是它能溶解其他也部分帶電的分子。

　　比如葡萄糖分子的 6 個碳原子中，每個都連有 1 個氧原子，其中 5 個氧原子上再連 1 個氫原子（另外一個氧原子形成「醛基」，－CO）。這樣由 1 個氧原子和 1 個氫原子相連而形成的基團叫做羥基（－OH，由氫原子和氧原子共價鍵結組成）。由於氧原子對電子的「飢渴」，這些氧原子也帶部分負電，與它相連的氫原子都帶部分正電。如此，羥基就可以憑藉這些電荷和水分子相互作用而溶於水，是「親水」。葡萄糖分子中有 5 個羥基，所以極易溶於水。一般來說，只要在分子裡引入氧原子，這個分子的水溶性就增加。這就是肝臟解毒的主要原理。

　　相反，總體和局部都不帶電的分子，由於無法和水分子以電荷相互作用，它們也不溶於水。但它們能溶於同樣不帶電的有機溶劑（如汽油、苯）中，這樣的分子是「親脂」的。

汽油是由碳和氫組成的物質。碳原子彼此連成線性或分支的鏈，上面再連上氫原子。碳原子和氧原子不同，它能和氫原子之間「平等相待」，共用的電子既不偏向碳，也不偏向氫。這樣無論是碳原子還是氫原子都不帶電。這樣的分子也不溶於水。推而廣之，凡是由碳和氫組成的分子或分子部分都是親脂的。

許多致癌物質是親脂性分子，如煤焦油裡的多聯苯。這些物質進入身體後會存積於脂肪組織和細胞膜中，很難排出。肝臟解毒的一個辦法，就是在這些分子中加上氧原子，讓它們局部帶電，增加它們的水溶性；另一個辦法是把它們連在極端親水的分子上，靠這些親水分子把它們帶出體外，這就是肝臟解毒的主要原理。下面具體來看這是如何做到的。

（3） 肝臟解毒的第一步：給外來物質加上氧原子

碳氫化合物在化學上惰性很強，所以要在上面加上氧原子不是一件容易的事。肝臟裡有一類蛋白質，專門催化外來分子加上氧原子。這類蛋白質由於要和氧打交道，光靠蛋白質已經不夠了。它們和其他與氧打交道的蛋白質（如運輸氧的血紅素）一樣，含有一個血紅素輔因子，輔因子的中心有一個鐵原子，這個鐵原子再透過蛋白質上的一個半胱氨酸側鏈與蛋白相連。正是這個鐵原子催化外來分子加氧的反應。

由於外來分子各式各樣，單靠一種蛋白質來給它們加氧不夠，於是各種生物發展出了多種的這類蛋白質，對付不同的外來分子。人類的肝臟中有多種這樣的蛋白質，分成 17 個家族、30 個亞族，共 57 種。老鼠更多，有百種左右，其中有約 40 種與人類的同源，說明老鼠吃得比人更雜，需要更多種類的解毒酶對付食物中的有害分子。

這些蛋白質都不是可溶性蛋白，而是位於肝細胞內一個叫做內質網的膜上，所以很難提取分離。為了快速檢測它們，科學家向它們的懸浮液中通入一氧化碳。一氧化碳結合於鐵原子上後，所有這類蛋白都在 450 奈米顯示出一個吸收峰，可以方便測定它們的總量；再加上它們所含的血紅素，這些蛋白質的總名稱就是細胞色素 P450（cytochrome P450，CYP）。

在給不同的細胞色素 P450 命名時，家族用數字表示，亞族用字母表示，亞族中具體的蛋白也用字母表示。比如 CYP2C9 就表示是第 2 家族，C 亞族中的第 9 個蛋白。CYP3A4 是肝臟中最主要的細胞色素 P450，許多藥物都是透過它被代謝排出。

所有的細胞色素 P450 之間，至少有 40% 的氨基酸相同，但每種細胞色素 P450 的分子結構不完全相同，以結合不同的外來分子。

細胞色素 P450 給外來分子加氧有兩種形式：一種是在碳原子和氫原子之間加上一個氧原子，形成羥基（－OH），增加其水溶性。另一種是在碳—碳雙鍵（CC）上加上一個氧原子，形成一個由碳—碳—氧組成的環狀化合物，叫環氧化合物（epoxide）。

由於細胞色素 P450 是最先對外來分子進行修改的，所以被稱為第一線的解毒酶。

（4） 肝臟解毒的第二步：水解環氧化合物和加上極端親水的基團

肝臟解毒的第一步所生成的環氧化合物在水中不穩定，它會和生物大分子反應，連接到這些生物大分子上，改變它們的性質，使它們失去活性。因此環氧化合物是有毒的。

為了消除這些環氧化合物的毒性，肝臟裡有兩種酶對環氧化合物

進一步的修改。這些酶叫做二線解毒酶，一種叫做環氧化物水解酶（epoxide hydrolase），它在環氧結構上加一個水分子，把它變成兩個相鄰的羥基；另一個是穀胱甘肽轉移酶，它把一個分子的穀胱甘肽直接轉移到環氧結構上。由於穀胱甘肽是極易溶於水的分子，這樣不僅消除了有害的環氧結構，也大大增加了外來化合物的水溶性，使之更容易被排出體外。

如此，在外來分子上加氧的後果是直接或間接（透過環氧化物）產生羥基，增加這些化合物的水溶性。在此基礎上，肝臟中的其他二線解毒酶能夠在羥基上再加上更加親水的基團，進一步增加這些化合物的水溶性。

磺酸基轉移酶就是一種這樣的酶，它能夠在羥基上再連上磺酸基，大大增強化合物的水溶性。比如苯進入人體後被代謝的一個產物就是苯酚（苯環上面連一個羥基）。這雖然增加了水溶性，但是還不夠。而且苯酚自身也是有毒的化合物，能夠使蛋白質凝固，有殺菌作用，醫院裡用其水溶液來給器械消毒。苯酚在連上磺酸基後，不但毒性大大降低，水溶性也增高許多，就容易被排出了。

葡萄糖醛酸轉移酶是另一種這樣的酶，它能在羥基上連上高水溶性的葡萄糖醛酸，降低苯酚的毒性，並進一步提高苯酚的水溶性，使其更容易被排出體外。

肝臟中還有其他的酶，能夠修飾外來化合物，使其毒性降低。比如許多含有氨基（$-NH_2$）的化合物有毒，肝臟能在這些氨基上「戴個帽子」，將它們掩蓋住，這些氨基的毒性就大大降低了。這個「帽子」就是乙醯基團（CH_3CO-），透過乙醯基轉移酶加到氨基上。

許多含有氨基的外來物質都能被 N- 乙醯轉移酶修飾而改變性

質。人與人之間 N- 乙醯轉移酶基因的差異，會導致這種酶活性的差異。研究發現，這些基因差異與癌症（食道癌、直腸癌、肺癌）及帕金森氏症的發病率密切相關，說明這種酶在解毒過程中有重要作用。

（5） 解毒反應並不總是有益

人肝臟中的解毒系統是經過幾百萬年的時間演化而來，對於今天出現的各種人工化合物並不「認識」，也不「知道」哪些化合物有毒，哪些沒有毒。

原因就在於，人的基因變化的速度趕不上人類生活的變化。病毒和細菌的基因變化的速度很快，我們每年都要製備新的流感疫苗，而且細菌抗藥性也是令人頭痛的問題。與此相反，人的基因變化的速度很慢，每一代人每三千萬個鹼基對才有一個突變。人類社會的存在才有幾千年的時間，而現代社會的出現不過是近百年的事情，大量化學製品出現在過去幾十年間，而這段時間內人的基因基本上沒有變化。

因此，面對千萬種新的藥物和化學製品，我們的解毒系統仍然按過去形成的功能反應，與其說是「解毒」，不如說是「處理」。因此，有些反應實際上活化了某些化合物，使其變得更加危險。

一個明顯的例子，是煤焦油和香菸煙霧中的一種致癌物質，叫「苯並芘」，這是一個完全由碳和氫組成的五環化合物。它在化學上很隨性，並不致癌。肝臟對它第一次解毒後，生成一個環氧化合物，這個環氧結構也被環氧化物水解酶水解成鄰苯二酚；但我們的解毒系統覺得還不夠，又給它加一個氧原子，形成另一個環氧結構。可是這一次，這個新形成的環氧結構就不再能被環氧物水解酶水解，它就以這種環氧結構和其他生物大分子相互作用，成為致癌物質。

所以我們的解毒系統把非致癌物質變成了致癌物質，其中關鍵是

環氧化物水解酶。如果把老鼠體內這個酶的基因剔除，苯並芘就不會使老鼠致癌。同理，降低人肝臟中環氧化物水解酶的濃度，也可以減少吸菸者得癌症的危險。花椰菜中有一種物質就有這個作用，所以對於吸菸者有保護作用，但也可能增加其他化合物代謝不足的危險。

另一個例子是黃麴毒素，這是發黴花生所產生的一種強烈致癌物質。研究表明，黃麴毒素本身並不致癌，是經細胞色素 CYP3A4 的修飾後才變成致癌物質的。CYP3A4 是肝細胞中最主要的一種代謝藥物的細胞色素，一旦黃麴毒素進入人體，就不可避免地會被轉化為致癌物質，唯一可以免除的辦法，就是不要吃可能帶有黃麴毒素的食物。

再一個例子，是常用的解熱鎮痛藥乙醯胺酚。它不但能被肝臟轉化為有害物質，還會消耗肝細胞中的穀胱甘肽。所以乙醯胺酚使用過量會造成肝損傷甚至肝壞死。

(6) 藥物之間的相互作用

如前所說，肝臟的解毒系統可調。外來的藥物可以增加或減少這些基因表達（改變解毒酶的濃度）或直接抑制這些酶的活性（酶濃度不變，但活性改變）。一種藥物可以抑制另一種藥物的解毒酶，增加另一種藥物的毒性；一種藥物也可以誘導另一種藥物的解毒酶，使其活性增加，因而降低該藥物的藥效。因此在服一種以上的藥物時，必須考慮到它們在肝臟解毒系統的相互作用。

比如中藥用藥時有所謂的「十八反」，指一些中藥不能和另一些中藥共用。比如藜蘆不能和人蔘、丹蔘、細辛、芍藥（赤芍、白芍）共用，因為後面幾種藥物能降低細胞色素 P450 酶的含量，抑制主要的藥物代謝酶 CYP3A 及 CYP2E1 的酶活性，減緩了藜蘆中毒性物質

的代謝，導致毒性增加；又如烏頭不能與半夏、瓜簍、貝母、白芨合用，原因也是後幾種藥物能抑制參與烏頭鹼代謝的 P450 酶 CYP3A 和 CYP1A2 的活性，延緩烏頭鹼的代謝，增加其毒性；而甘草中的甘草甜素能提高 CYP3A 的活性，增加對其他藥物的代謝，降低有毒中藥的毒性，同時也使其他中藥的藥性更為溫和，這就是中醫常把甘草用作藥方佐劑的道理。所以說，古人從長期的觀察和實踐中總結出許多用藥方法和禁忌，現在被證明是符合科學原理的。

中藥如此，西藥也一樣。許多西藥的用量常在無效和中毒之間。用少了無效，用多了中毒。這些劑量是按照正常人肝臟解毒的情形測定的。如果某種藥物（無論是西藥還是中藥）能明顯改變肝臟中某種解毒酶的活性，那就會使那種酶代謝的藥物的日常用量，要嘛過量而中毒，要嘛不足而無效。

比如我們愛吃的柚子，就能抑制肝臟的主要解毒酶 CYP3A4 的水準，使得許多藥物嚴重過量。美國的許多藥房都在櫃台外面貼著通知：服藥期間不要吃柚子；反過來，治療肺結核的藥物利福平（rifampicin），能使細胞色素 3A4 的量增加，使許多藥物不那麼有效。

中醫、中藥已經有幾千年的歷史，中藥之間的配伍已經相當成熟，一般不會出現中藥之間相互衝突的事（庸醫開的方除外）；但由於一些中藥對細胞色素 P450 的作用還不十分清楚，它們對西藥的影響也不完全了解。比較謹慎的辦法是盡量不要中藥、西藥一起吃，以免互相影響。如果兩種藥都非吃不可，也要盡量錯開服用時間，減少之間的相互作用。

（7）小結

每天進入我們身體的有毒物質和身體裡產生的有害物質各式各

樣。本章從分子機制上闡述了有機體對這些有害物質的解毒原理，以求給「解毒」一詞比較具體清晰的概念，從而能更正確有效地使用身體的解毒系統。

現在市面上關於解毒誇大不實的說法甚多。比如不具體說「毒物」是什麼，只籠統地說他們的產品能「解毒排毒」。諸如「徹底清除毒素，讓細胞恢復青春」之類的說法更是滿天飛，而對這些說法澄清，也是本章節的目的。

8.2 為什麼生殖細胞能夠永生？

　　長生不老是人類自古以來的願望，從古代人尋求「長生不老藥」到現代對衰老機制的研究，無不反映了這種願望。而現實情況是：所有的多細胞生物都是有壽命的，而且壽命長短和生物的物種有關。過去認為壽命最短的動物是蜉蝣，這是一種帶翅膀的昆蟲，變為成蟲後一般只能活幾天，短的甚至只有幾個小時，可謂「朝生暮死」。其實蜉蝣的幼蟲在水中可以活二十天左右，所以蜉蝣的壽命（從卵孵化算起）有二十多天，和蒼蠅、蚊子的壽命差不多；而壽命最長的動物包括烏龜和鸚鵡，它們都能活一百年以上，北極蛤可以活五百年。植物的壽命更長，非洲的龍血樹、美洲的紅杉，都可以活千年以上。但是無論生物體的壽命有多長，生命都是有限的，所有多細胞生物都要經歷出生、生長、衰老、死亡的階段。

　　而且多細胞生物體的壽命，如果比起生命在地球上的歷史（大約四十億年），那就顯得太短了。作為物種，許多生物的壽命是無限的。例如藍綠菌（cyanobacteria）是地球上最早出現的生物之一，至今仍在地球上繁衍。昆蟲已經在地球上生活了數億年的時間，現在仍然是地球上物種最多的生物；就是人類，作為物種也已經生存了大約一百萬年，而且在可以預見將來還會繼續生存下去。生命是靠生殖

細胞傳承下來，根據細胞理論，新的細胞只能從已經有的細胞分裂而來，所以對於許多具有無限生命的物種，就要求生殖細胞連續地從一代生物繁衍到下一代生物，永不間斷。從這個意義上說，生殖細胞的壽命是無限的，我們每個人的身體裡面，都有幾十億年前那個最初細胞不斷分裂產生的後代。

現在我們對於生物衰老機制的研究，其實是對體細胞（組成身體的細胞）衰老機制的研究，因為這才是決定一個生物體能夠活多久的機制。對於衰老機制已經有眾多理論，例如磨損理論、自由基理論、端粒酶理論、基因決定論等，但是所有這些理論都必須解釋：為什麼這些機制只影響體細胞，而不影響生殖細胞。例如婦女的卵細胞在她母親子宮內就已形成，在婦女性成熟之前在身體內要待上十幾年至幾十年；男性的生殖能力可以延續到老年，精原細胞在體內待的時間更長。即使影響體細胞的因素只是輕微影響到生殖細胞，逐代積累起來，也會導致物種滅絕。例如人類從出現到現在，已經有大約一百萬年的時間，如果每傳一代需要二十年的時間，那人類就已經傳了五萬代；即使每一代生殖細胞所受環境的影響只減少每一代人一天的壽命，那麼人類也不應該存活到今天（人活到 100 歲也就是 36500天）。人類如此，那些活了幾十億年的藍綠菌就更是如此了。

當然，這不是說生殖細胞就不會老化和死亡。例如婦女過了四十歲，卵子中 DNA 的突變率就會顯著增加。沒有生殖能力和生殖機會的個體死亡時，這個生物體所含的生殖細胞也會隨之死亡；但是只要在自然的生育年齡內，總會有許多個體能夠繁殖出健康的後代，其壽命永遠不會隨著代數增加而減少，每一代都能夠真正地「從零開始」。也就是說，生殖細胞有能力把環境帶來的不利影響完全消除，

否則物種就會凋亡,這就和體細胞的情況形成鮮明對比。對於體細胞,無論身體如何努力來防止和修復外界因素造成的傷害,人類還用各種醫學手段來對抗這些傷害,它們也終將老化死亡。但是生殖細胞也是細胞,含有和體細胞同樣的基因。生殖細胞維持自己長生不老的「武器」,理論上體細胞也能夠具有。是什麼原因使生殖細胞和體細胞有如此巨大的差異呢?

1881 年,德國生物學家奧古斯特·魏斯曼(August Weismann,1834—1914,以下簡稱魏斯曼)提出了「種質論」(germ plasm theory)。他認為生物體內的細胞分為生殖細胞(germplasm)和體細胞(somaplasm),生殖細胞的壽命是無限的,體細胞由生殖細胞衍生而來,任務就是把生殖細胞的生命傳給下一代,然後死亡。在生殖細胞分裂發育成為生物體時,總是會「留出」一些細胞繼續作為生殖細胞,同時分化出體細胞來「照顧」生殖細胞,並且讓生殖細胞把生命傳給後代。也就是說,我們的身體只是生殖細胞的載具,只能使用一次,使用完就被丟棄了,只有生殖細胞代表連續不斷的生命,這是任何多細胞生物體都會衰老死亡的根本原因。直到今天,魏斯曼的基本思想還是被許多科學家認為是正確的。從魏斯曼提出這個思想到現在,已經過去了 130 多年,人類對於生物發育和衰老機制的研究已經獲得了大量的結果,可以比較具體地討論生殖細胞為何與體細胞如此不同。

微生物「永保青春」的方法：垃圾桶理論

我們前面談的生物的壽命，是指多細胞生物的壽命。單細胞生物沒有體細胞和生殖細胞之分，或者說單細胞生物自己就是生殖細胞，所以應該是「永生」的。細菌一分為二，酵母出芽繁殖，它們的生命都在後代細胞中延續。許多細菌從產生到現在，已經生存了幾十億年，可以證明單細胞生物的確是永生的。但是仔細觀察單細胞生物，就會發現它們之中有的個體也會顯現出衰老的跡象，比如生長變慢，死亡率增加，最後失去繁殖能力並死亡。是什麼機制使得一些單細胞生物的個體持續分裂下去，另一些個體卻衰老死亡呢？

在這裡，麵包酵母（Baker's yeast，Saccharomyces cerevisiae）提供了一個有趣的例子。麵包酵母出芽形成的新酵母菌比母體小，所以這種酵母的細胞分裂是不對稱分裂。這種不對稱性不僅表現在細胞大小上，而且有更深刻的內容。母體細胞繼承了原來細胞的損傷，例如羰基化的蛋白質、被氧化的蛋白質和染色體外的環狀DNA。母體細胞只能再分裂 25 次左右，就衰老死亡。而新生的酵母卻沒有這些受損的成分，能夠活躍地分裂繁殖。所以酵母作為一個物種，是靠新生酵母把生命傳下去的。母體酵母就像一個「垃圾桶」，自己收集細胞所受的損傷，而不把這些損傷傳給下一代。

大腸桿菌（Escherichia coli）的分裂看上去對稱，兩個「子」細胞在大小形狀上沒有差別，那麼大腸桿菌的生命又是靠什麼細胞傳遞下去呢？為了研究這個問題，法國科學家追蹤了 94 個細菌的菌落中細胞分裂的情況，一共追蹤到 35049 個最後形成的細菌；而追蹤的結果表明，這種對稱只是表面上的。大腸桿菌是桿狀的，所以有兩

「極」（相當於桿的兩端）。細胞分裂時，在分裂處會形成新的極，這樣每個細胞都有一個上一代細胞的極（老極）和新形成的極（新極）。細胞再分裂時，就會有一個子細胞含有老極，另一個子細胞含有新極。所以這兩個細胞是不一樣的。研究發現，總是繼承上一代老極的細胞，就像酵母菌的母體細胞那樣，生長變慢、分裂週期加長、死亡率增加，而總是繼承上一代新極的子細胞則一直保持活力。所以大腸桿菌分裂時，也有一個子細胞成為「垃圾桶」，繼承細胞的損傷，以便使另一個子細胞「從零開始」。這個想法也得到實驗證據的支持，例如許多變性的蛋白質會結合在熱休克蛋白上，用螢光標記的熱休克蛋白 IbpA 表明，變性蛋白的聚結物確實存在於含老極的細胞中。

除了受到損傷的蛋白質，脂肪酸也可以被氧化。但是細胞膜的流動和代謝比較緩慢，在單細胞生物迅速分裂的情況下（一般幾十分鐘分裂一次），受到損傷的成分常常被保留在母體細胞中（例如酵母的分裂）或者和老極相連（例如大腸桿菌的分裂）。變性蛋白質的聚結物在細胞中擴散很慢，也容易留在上一代的細胞中。這些結果說明，「垃圾桶」理論還是有一些道理，不過這就要求「垃圾桶」能夠把垃圾全部收集，不留給新細胞。細胞是如何做到這一點的，或者是否能夠做到這一點，還是未知數。

有趣的是纖毛蟲（ciliate），這是一類單細胞的原生動物，以細胞上有纖毛而得名，草履蟲就是纖毛蟲的一種。纖毛蟲有兩個細胞核，比較小的細胞核和高等動物一樣，是雙套（含有兩份遺傳物質），它不管細胞的代謝，只管生殖。纖毛蟲還有一個比較大的細胞核，由小細胞核複製自己再修飾而成。它是多套體（含有多份遺傳物質），負責細胞的日常生活。這相當於在同一個細胞中既有體細胞

（以大核為標誌），又有生殖細胞（以小核為標誌）。在繁殖時，負責生殖的小核傳給下一代，而負責代謝的大核則被丟棄。分裂時小核代表將生命傳下去的生殖細胞，然後在新細胞中再由小核形成大核，而原來的大核則代表被丟棄的體細胞，這也和「垃圾桶理論」相符。

「垃圾桶理論」也可以透過另一種方式實現，即細胞不是固定把受到損傷的成分留在老細胞裡，而是隨機進入任意一個子細胞。裂殖酵母（fission yeast，Schizosaccharomyces pombe）不是靠出芽繁殖，而是對稱分裂。在不利的條件下，變性的蛋白質會形成單個聚結物。細胞分裂時，這個聚結物會隨機地進入其中一個子細胞。獲得聚結物的細胞就顯現出老化的跡象，而沒有繼承到聚結物的細胞則保持青春活力。

多細胞生物保持生殖細胞不老的機制

多細胞生物中生殖細胞「長生不老」的機制很難研究，因為生殖細胞和體細胞存在於同一個生物體中，所以很難把體細胞的衰老和生殖細胞的衰老分開。生物個體的壽命主要反映的是體細胞衰老的情況，而生殖細胞的衰老不一定會直接反映在生物壽命上，而是把生命傳下去的能力，這就需要多代的數據積累。由於許多動物個體的總體壽命大大超過生育壽命，個體之間生育壽命的差別也很大，生殖細胞的衰老也很難從生殖壽命的縮短看出。

線蟲（Caenorhabditis elegans）是研究這個問題比較好的材料，因為線蟲的繁殖週期很短，只有 3.5 天，所以幾個月內就能觀察幾十代。相比之下，果蠅的繁殖週期約為 11 天，小鼠為 2 個月左

右。而且線蟲是自我受精，不需要交配就能繁殖後代。科學家用甲基磺酸乙酯（ethyl methane sulphonate，EMS）在線蟲的 DNA 中引發突變，再選擇那些繁殖在若干代後終止的突變型。結果發現：能夠影響端粒複製的突變 mrt2，與 DNA 雙鏈斷裂修復有關的突變 mre-11，都能使線蟲的繁殖在數代後終止，說明未被突變破壞的這兩個機制，都是生殖細胞的永生所需。

端粒位於染色體的末端，本身也是 DNA 的序列，由許多重複單位構成。它就像鞋帶兩端的鞋帶扣，沒有它，鞋帶裡面的線就會鬆開。由於 DNA 複製過程的特點，每複製一次，端粒就會縮短一點。如果端粒不被修復，DNA 複製若干次後，端粒就短到不再能夠保持 DNA 完整度。這就是為什麼人的成纖維細胞在體外只能分裂 50 多次，就會停止分裂並且死亡，因為這種細胞不能修復端粒。如果生殖細胞也是這種情形，生殖細胞也就不成為生殖細胞了。

幸運的是，生殖細胞能夠生產端粒酶修復受損的端粒。一種理論認為，許多體細胞沒有端粒酶的活性，是為了防止它們像癌細胞那樣無節制地繁殖。而許多癌細胞由於像生殖細胞那樣具有端粒酶的活性，所以能夠無限繁殖。但是在透過出芽繁殖的麵包酵母中，繼承細胞損傷的母體細胞的端粒，在細胞分裂時並不縮短，說明端粒酶活性缺失並不是母體細胞老化的原因。同樣，DNA 雙鏈斷裂的修復，也為體細胞的生存所需要，體細胞也有這樣的修復機制，所以這種機制也不大可能是生殖細胞永生的原因。

1987 年，英國科學家湯瑪斯·寇克伍德（Thomas Kirkwood，1951 年出生）提出了生殖細胞永生的三種機制：①生殖細胞比體細胞有更強大的維持和修復機制；②生殖細胞使自己恢復青春的機制

是特有的；③只讓健康的生殖細胞存活的選擇機制。這幾種機制都得到實驗結果的支持。

為了檢驗細胞的修復機制，科學家把外來基因轉入小鼠的各種細胞中，包括小腦和前腦的細胞、胸腺細胞、肝細胞、脂肪細胞和生殖細胞，再比較在這些細胞中外來基因 DNA 的突變率。結果發現：在生殖細胞中，DNA 的突變率最低。用動物自身基因的實驗也得到了同樣的結果。另一個辦法，是人為在小鼠的 DNA 中引發突變，再看不同細胞修復的情況，結果也是生殖細胞的修復能力最高。

生殖細胞特有的恢復青春的機制，包括前面提到的不對稱分裂，即讓老細胞繼承細胞損傷的產物，就像出芽酵母和大腸桿菌的情形那樣。人在生成卵細胞時，兩次減數分裂形成的四個細胞中，只有一個成為卵細胞，其他三個都變成極體細胞而退化，而不是四個細胞都成為卵細胞。這種「浪費」的做法，也許就是把受損產物都集中到極體細胞中，讓卵細胞重新開始。恢復青春的機制，還包括外遺傳修飾（epigenetic modification）的重新設定，包括 DNA 的甲基化和組織蛋白的乙醯化。它們不改變 DNA 的序列，但是可以影響基因表達的狀況，生殖細胞和受精卵裡面的外遺傳修飾都經過大幅改變。

生殖細胞的選擇機制看來也存在，例如果蠅卵子在形成的過程中，會有幾波細胞的細胞凋亡（apoptosis）。小鼠的精子在形成過程中，也有幾波細胞細胞凋亡，這些細胞凋亡的目的可能是淘汰那些受損的生殖細胞。精子的選擇也在受精過程進行，幾億個進入陰道的精子中，只有一個能夠與卵子結合。

這些機制看來都對維持生殖細胞的青春有作用，問題是它們是否足夠。生殖細胞的修復機制的確比體細胞高，但是如果修復的效率不

是百分之百,損傷還是可能積累。極體細胞也許可以收集受到損傷的細胞產物,但是這種收集也許並不徹底。選擇性機制能夠淘汰那些有明顯損傷的生殖細胞,但是也不一定能夠防止被挑選的生殖細胞積累損傷。所以寇克伍德的假說,也許還不足以完全解釋生殖細胞的永生能力。

現代複製動物實驗的啟示

近年來人類複製動物的重大突破,就是讓體細胞重新成為有無限繁殖能力的生殖細胞。把體細胞的細胞核放到去核的卵細胞內,就能夠形成胚胎,發育成動物;或者不用體細胞的細胞核,而是把整個體細胞和去核卵細胞融合,也可以形成胚胎,複製羊「桃莉」就是這樣誕生的。體細胞本來是有壽命,但是卵細胞的細胞質似乎有一種力量,能夠把加在體細胞上的壽命限制解除,體細胞變成了永生,說明體細胞的命運是可逆的。成年動物的體細胞肯定積累了相當數量的受損物質,可是這些物質似乎並不影響體細胞獲得永生的能力。卵細胞的細胞質中似乎有一種「青春因子」,可以使時鐘倒轉,讓體細胞變回生殖細胞,而不管它已經受了多少損傷。

但是,這種有關「青春因子」的想法,被「誘導性多能幹細胞」技術否定了。把幾種轉錄因子(控制基因開關的蛋白質)轉移到體細胞中,就可以把體細胞變成類似生殖細胞的幹細胞(能夠分化成其他類型細胞的細胞),而不再依靠卵細胞的細胞質。2009 年,中國科學院動物研究所的周琪和上海交通大學醫學院的曾凡一合作,從一隻雄性黑色小鼠的身上取下一些皮膚細胞,用轉錄因子誘導的方法,得到

了誘導性多能幹細胞。他們把誘導性多能幹細胞放到四套的胚胎細胞之間，植入小鼠的子宮內，成功地培育出了一隻活的小鼠，取名「小小」。「小小」還有繁殖能力，已經成功地產生了幾代小鼠，這個過程沒有使用卵細胞的細胞質，而四套的胚胎細胞也只發育成胎盤，並不參與胚胎自身的發育。所以，這隻複製鼠完全是由當初的一個體細胞產生，並不需要卵細胞細胞質中假想的「青春因子」。

當然，複製動物繁殖的代數還有限，還有許多複製動物生下來就有各種缺陷和疾病，甚至早夭。這些缺陷也許是由於複製過程本身造成的損傷，或者外遺傳狀態重新設定得不徹底，但是不能說明這樣形成的生殖細胞就不能永生，複製鼠「小小」能夠繁殖數代，每代看上去都很健康，似乎證實了這個想法。如果複製動物和普通動物一樣，能夠無限代地繁殖，就能最終證明體細胞和生殖細胞之間的界限可以打破，永生的能力也不是生殖細胞所特有。

既然體細胞可以轉化成生殖細胞，也不需要什麼「青春因子」，生殖細胞永生的機制，有可能就是 DNA 外遺傳修飾的形式。卵細胞的細胞質的作用、轉錄因子對體細胞的誘導，也許都是重新設定這些外遺傳修飾。但是細菌沒有組織蛋白，自然也不會有組織蛋白的乙醯化，生殖細胞卻一直能傳到現在，說明生殖細胞保持永生的能力幾十億年前就發展出來了。也許我們還在使用這樣的機制（如「垃圾桶機制」），又也許我們有了新的機制（如外遺傳修飾），也許多種機制都在使用，也許不同的生物使用不同的機制，而問題的核心還是生殖細胞如何完全消除細胞不可避免的受到的損傷。我們在這裡談的細胞損傷，主要是指 DNA 序列以外分子層面上的，例如蛋白質的變性、脂肪酸的氧化，分子之間的交叉鏈接等，這些是體細胞衰老的重要原

因，最終導致體細胞的死亡。同樣的損傷在生殖細胞中也會發生，即使是那些精挑細選出來的生殖細胞，也要經歷體細胞受的各種襲擊，而在億萬年的時間裡，所有這些襲擊的負面作用都被生殖細胞消除得乾乾淨淨，不留任何痕跡，這真是一個奇蹟。

而 DNA 序列的變化，包括修復以後的鹼基變化，則會在後代中透過天擇的機制強化或淘汰，這和細胞裡面其他分子的損傷，導致細胞本身老化有所不同。

幹細胞和生殖細胞的關係

孢子和受精卵都可以變成多細胞生物體內所有類型的細胞，所以是最初的幹細胞。它們像樹幹一樣，不斷分支（相當於細胞分化），最後形成一棵大樹。在胚胎發育的過程中，桑葚胚胎（由受精卵分裂形成的實心的細胞團）裡面的每一個細胞都有發育成一個完整生物體的能力，所以和受精卵一樣，是全能的幹細胞。畜牧業者曾經使用桑葚胚胎分割法，把桑葚胚胎分為幾部分，分別植入子宮，就能從一個胚胎得到多個動物。到了囊胚期，胚胎發育成一個空泡，泡壁上的細胞後來發育成為胎盤，而囊泡內部的一團細胞則發育成為動物。這團細胞中的每一個都能夠形成生物體內所有類型的細胞，所以也是全能幹細胞，叫做胚胎幹細胞。但是，它們不能形成胎盤，所以不能被單獨植入子宮，發育成為動物。

生物發育成為成體後，按理說不應該有幹細胞了，因為所有類型的體細胞都已經有了。但是成體動物體內和各種組織中，還存在幹細胞，叫做成體幹細胞，這是因為許多體細胞的壽命遠比生物體總體的

壽命短，所以需要不斷補充。例如小腸絨毛細胞就只能活 2 ～ 3 天。我們的血球（例如紅血球和白血球）的壽命也很短，需要連續不斷地補充。幹細胞就能夠不斷分裂，分化成為需要替補的細胞。幹細胞在分裂時，也是不對稱分裂，一個子細胞仍然是幹細胞，另一個子細胞繼續繁殖分化成為需要替補的細胞。

幹細胞的壽命至少和生物體的壽命一樣長，這樣才能保證一生替補細胞的需要。它們也不像許多體細胞那樣，壽命短於生物體的整體壽命，只要生物體活著，幹細胞就能一直活著。從這個意義上講，幹細胞也是長壽的。幹細胞從受精卵分裂而來，而且和受精卵一樣，是未分化細胞。幹細胞在分化時，也是不對稱分裂，以保持自己的「真身」，另一個子細胞才是最終要被丟棄的體細胞。所以幹細胞在性質上和受精卵非常相似，可以看成是受精卵的延伸，而不是體細胞。但它和生殖細胞不同的是：幹細胞只能在生物體中存在一代，而不能被傳到下一代生物體。

小結

生殖細胞和體細胞最大的區別是：生殖細胞是永生的，可以在生物繁殖的過程中無限制地傳遞下去，而體細胞只是生殖細胞的載體，只能使用一次，然後就被丟棄，幹細胞則是生殖細胞的延伸。科學研究的進展，已經打破了生殖細胞和體細胞的界限，體細胞也可以變成生殖細胞，但是由於研究方法的限制，目前我們基本上還是用體細胞老化的思路來思考生殖細胞。生殖細胞是如何完全清除環境因素的負面影響，永保青春，現在才剛剛開始了解。而人類的好奇心和對健康

長壽的追求，會一步一步地解開這個謎團。

　　雖然從生物學的觀點來看，體細胞只是生殖細胞的載體，但是生命的精彩卻由體細胞表現出來。我們的眼睛所能夠看見的多彩多姿的生命世界，其實都是體細胞的世界。是體細胞「代替」生殖細胞的生存競爭，導致了越來越複雜的體細胞組合（生物體），人類的體細胞更是意識、智慧、感情和高等思維的基礎。所以我們不必對自己只是生殖細胞的載體而感到沮喪，只有我們這些由體細胞組成的人體才能有如此豐富多彩的生活，才能主動研究這個世界，包括反過來研究延續我們生命的生殖細胞。

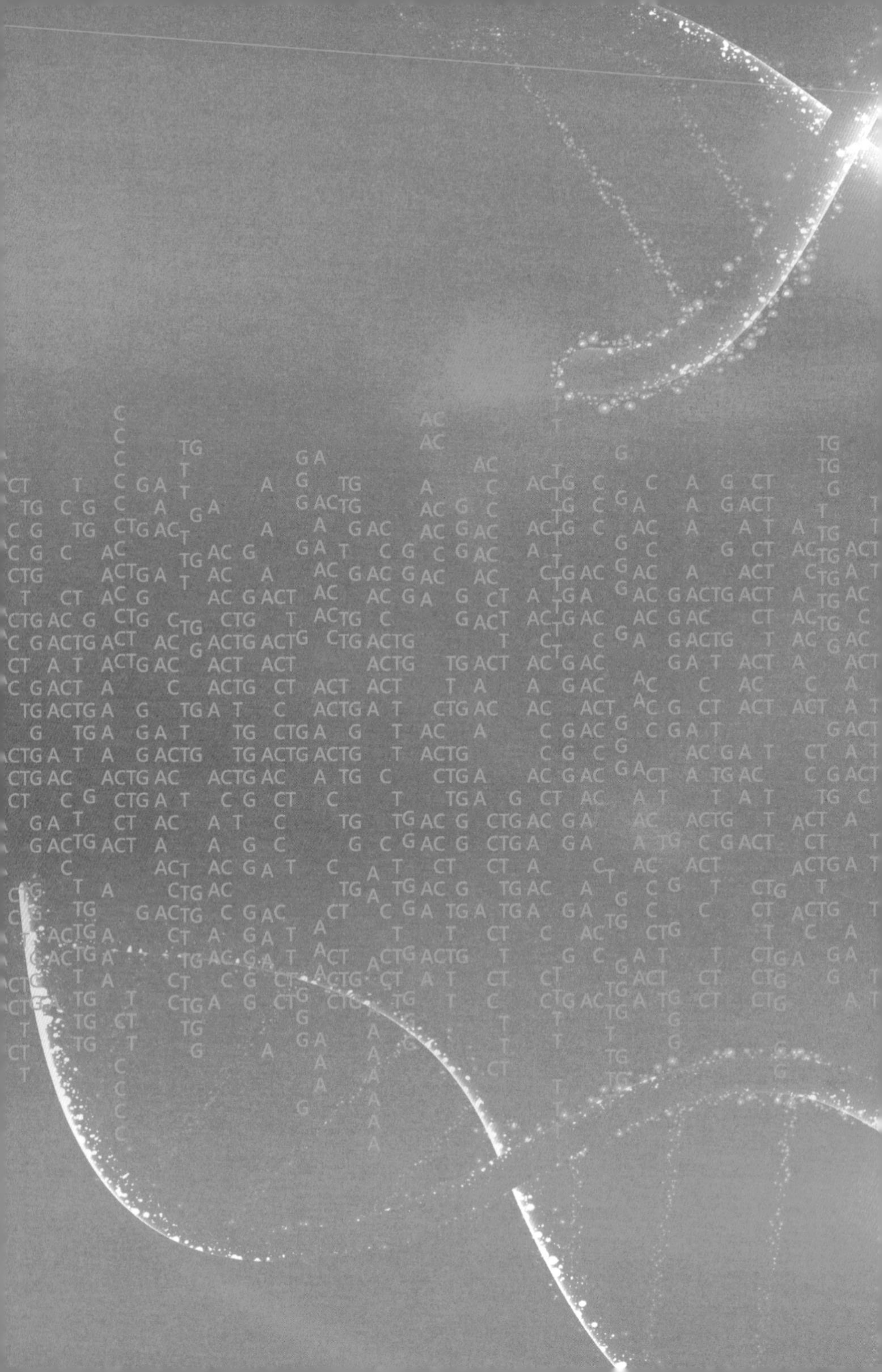

9

生命中的幾何關係

9.1 為什麼我們覺得螞蟻是大力士？

昆蟲肌肉的力量常常讓我們驚異，比如亞洲編織蟻（Asian weaver ant）可以「口銜」超過自己體重 100 倍的物體；跳蚤能夠跳到超過自己身高 100 倍的高度；蜣螂更能推動自己體重 1140 倍的糞球！

這些昆蟲的「力氣」為什麼這麼大呢？是不是牠們擁有特殊的肌肉呢？為了弄清這個問題，科學家觀察了昆蟲的肌肉（例如昆蟲用於飛翔的飛翔肌和用於爬行的腿肌）的細微結構，發現這些肌肉和人的骨骼肌一樣，都是「橫紋肌」，其基本結構單位肌小節（sarcomere）和裡面的橫紋，也和人類的非常相似。如果只看電子顯微鏡的照片，不加說明，很難判斷這是人的橫紋肌，還是昆蟲的橫紋肌。

是不是昆蟲的肌肉只是看上去和人類的肌肉相似，而成分不同呢？為了回答這個問題，奧地利和德國的科學家合作，檢查了這些昆蟲的基因，發現他們含有和人類肌肉一樣的「核心成分」，包括第 II 型肌凝蛋白（myosin II）、肌動蛋白（actin）、肌凝蛋白輕鏈（myosin light chain，包括「必需輕鏈」和「調節輕鏈」）、原肌凝蛋白（tropomyosin）和鈣調蛋白（calmodulin），說明昆蟲肌肉的核心成分和人類並無不同。

　　昆蟲橫紋肌的結構和成分與人的相同,那麼測量昆蟲肌肉的力量(每單位面積產生的拉力),再和脊椎動物的橫紋肌相比較,結果又如何呢?實測結果表明,脊椎動物的橫紋肌,每平方公分的橫切面可以產生約 25 牛頓的拉力,昆蟲肌肉的力量與此相似,或者稍小。比如蟑螂翻身時主要用後腿施力,單根後腿可以產生 0.14 牛頓的力量。蟑螂後腿肌肉的橫切面大約是 0.6 平方毫米,換算成每平方公分就是 2.3 公斤重的力。

　　既然昆蟲的肌肉和人類的肌肉並沒有根本上的不同,為什麼人的相對力量會顯得那麼小呢?比如男子 62 公斤級的舉重世界紀錄,是中國運動員石智勇在 2002 年創造的,為 153 公斤,還不到自己的體重的 2.5 倍。為什麼人不能像昆蟲那樣,舉起比自己重 100 倍的重物呢?這個問題你可以先想想,我們在本章最後再來討論,現在我們先來談談與肌肉有關的話題。原來人類和昆蟲的肌肉所使用的收縮原理,早在動物出現之前就已經有了,這個原理不僅被用於肌肉收縮,還被應用在細胞多種需要動力的過程中。

單細胞的真核生物就已經有「肌肉」

　　一說到肌肉,好像只和動物有關,其實單細胞的真核生物(比如酵母菌和變形蟲)就已經有脊椎動物橫紋肌裡面最關鍵的兩個成分:肌凝蛋白(myosin)和肌動蛋白(actin)。肌動蛋白可以聚合成長絲,並且具有「正端」和「負端」;而肌凝蛋白可以用 ATP 水解釋放的能量為動力,沿著肌動蛋白絲向正端「行走」,這是細胞裡面的「微型動力火車」中的一種,可以運用在許多方面。

　　為什麼單細胞的真核生物就需要這樣的「動力火車」呢？這是因為：真核生物的細胞（一般幾十微米）比原核生物（如細菌）的細胞（一般約 1 微米）體積要大數千倍，還有各種胞器，如粒線體、溶體、高基氏體、內質網、分泌泡等。小分子（比如氧分子、葡萄糖分子）可以靠擴散到達細胞所需要的位置，但是胞器靠擴散移動就太沒有效率了，而需要「搬運工」移動它們。除此以外，細胞移動（前端伸出、後端收縮），細胞分裂（細胞中部收縮，再一分為二），也都需要機械力。

　　肌凝蛋白就有這樣的力量。肌凝蛋白由頭、頸、尾三部分組成，形狀像高爾夫球桿。頭部膨大，可以結合在肌動蛋白的長絲上。它有一個ATP結合點。當一個分子的ATP結合到「頭部」時，頭部變形，從肌動蛋白上脫離。ATP水解時釋放出能量，使得頭部從頸處「偏轉」，結合到肌動蛋白長絲上更遠的位置。偏轉了的頭部就像被壓彎的彈簧一樣，要恢復到原來的位置，這樣就在肌動蛋白的長絲上產生一個拉力。如果肌動蛋白鏈的位置固定，肌凝蛋白的頭部就能夠沿著這根絲向正端的方向「走」；如果肌凝蛋白的位置是固定的，它就可以拉動肌動蛋白長絲向負端方向移動。ATP不斷結合和水解，這個移動過程就能夠持續下去。

　　這個精巧的機制是何時出現的，現在已經無從考證，因為現在地球上所有真核生物的細胞裡都有肌動蛋白和肌凝蛋白，所以必然是真核細胞出現後的某個時間發展出來。而且，就在單細胞真核生物的階段裡，這個產生拉力的機制就已經發展到非常完美的程度，在隨後的億萬年中極少改變。兔子肌肉上的肌凝蛋白，甚至可以和變形蟲的肌動蛋白結合；植物和動物的肌動蛋白「軌道」也非常相似，以致動物

肌凝蛋白的頭部在植物的軌道上滑行的速度,和在動物的軌道上滑行的速度幾乎一樣。

這種產生拉力的機制是如此寶貴,所以在演化過程中,生物也不斷複製這兩種蛋白的基因,並且加以修飾,在不改變拉力形成機制和效率的情況下,讓它們做各種需要拉力的工作。比如酵母菌就已經有五個肌凝蛋白的基因,它們產生的蛋白質頭部相似,但是尾巴不同,就可以做不同事情。而人類則有四十個以上的肌凝蛋白基因。

Ⅰ形肌凝蛋白和Ⅴ型肌凝蛋白的「尾巴」都能夠和生物膜結合,所以能夠「背」著由生物膜包裹的胞器(比如粒線體、內質網、高基氏體、分泌泡)沿著肌動蛋白的「軌道」運動,負責運輸。Ⅰ型肌凝蛋白以單體起作用,Ⅴ型肌凝蛋白以雙體起作用。

在動物的肌肉中,Ⅱ型肌凝蛋白先形成雙體,兩根肌凝蛋白的尾巴緊繞在一起,兩個頭在雙體的同一端。多根這樣的雙體再聚合在一起,其中一半雙體的方向和另一半相反,形成「雙頭狼牙棒」那樣的結構。肌動蛋白的細絲以正端整齊地「插」在一個圓盤上,細絲之間彼此平行。兩個這樣的結構彼此相對,就像兩支電動牙刷的頭部毛對毛彼此相對,中間有一段距離。肌凝蛋白的「雙頭狼牙棒」插到這些肌動蛋白的細絲中間,頭部和細絲結合。在 ATP 結合於肌凝蛋白的頭部並水解後,頭部就拉動肌動蛋白的細絲向負端方向運動。由於肌凝蛋白「雙頭狼牙棒」兩頭拉動肌動蛋白細絲的方向相反,兩個「牙刷頭」就都向「狼牙棒」的中間運動(即兩個「牙刷頭」彼此靠近),肌肉就收縮了。

變形蟲前進時,在伸出的「偽足」中形成肌動蛋白的細絲,方向與前進方向平行,正端朝外,形成「軌道」。Ⅰ型肌凝蛋白尾巴結合

在細胞膜，頭部沿著肌動蛋白的「軌道」滑行，就可以把細胞膜往前拉。在細胞後部，由 II 型肌凝蛋白和肌動蛋白組成的「收縮鏈」（類似於橫紋肌中的收縮單位）把附著在固體表面的細胞膜「拉」離，細胞後部就可以縮回來了。

酵母細胞分裂時，由 II 型肌凝蛋白和肌動蛋白組成的「收縮環」在細胞中央形成。這個「收縮環」不斷收緊，使細胞一分為二。缺乏 II 型肌凝蛋白的細胞不能分裂，而形成含有許多細胞核的巨型細胞。

所以即使在單細胞的真核生物中，「肌肉蛋白」就已經發揮了重要的作用。多細胞生物的肌肉，不過是在這個基礎上發展出來而已。

植物細胞也有「肌肉」？

植物一般不運動，似乎不需要肌肉；但是植物細胞也含有肌動蛋白和肌凝蛋白，而且不止一種。比如VIII型、XI 型和 XIII 型肌凝蛋白就是植物特有的，它們和植物細胞內各種「貨物」的運輸有關，比如 XIII 型肌凝蛋白可以把葉綠體運輸到新生組織的頂端。

植物肌凝蛋白的另一個作用，是引起植物細胞的「細胞質流」。如果在顯微鏡下觀察綠藻（Nitella），可以看見細胞質繞著中央的液泡流動，而且流動的速度在靠近細胞膜的地方比較快，在靠近液泡的地方比較慢。研究表明，綠藻細胞在細胞膜下面形成平行的肌動蛋白「軌道」。XI 型肌凝蛋白的尾巴結合在植物的胞器（如葉綠體）上，頭部則沿著肌動蛋白的「軌道」滑行，就帶動細胞質一起流動了。在綠藻中，細胞質流的速度可以達到每秒 7 微米。

所以在細胞尺度上，植物和動物有更多的相似之處，因為它們都

需要拉力來進行某些活動，特別是細胞內「貨物」的運輸。

細胞裡面的「動力火車」不止肌動蛋白－肌凝蛋白這一類

　　細胞裡面的運輸任務很多，比如細胞分裂時，兩份染色體要分配到兩個細胞裡面，需要有力量來「拉」它們。神經細胞的軸突（傳出神經信號的神經纖維）可以有一公尺多，但是神經細胞的蛋白質主要是在細胞體（含細胞核的膨大部分）中合成。其中作為神經傳導物質（在神經細胞之間傳遞訊息的分子）在合成後，被膜包裹成分泌泡，再被運輸到神經末端。這些運輸任務就不再由肌動蛋白和肌凝蛋白來完成，而是由另一類「動力火車」來執行。

　　這一類「動力火車」的「軌道」不是由肌動蛋白聚合成的絲，而是由微管蛋白（tubulin）聚合成的中空微管，像肌動蛋白的細絲一樣，有正端和負端。有兩種蛋白質能夠帶著「貨物」沿著這個「軌道」移動。它們都用 ATP 水解時釋放出來的能量作為動力，但是移動方向不同。動力蛋白（dynein）向微管的負端移動，把「貨物」從細胞遠端運到細胞中央。另一個蛋白叫驅動蛋白（kinesin），把「貨物」運向微管的正端，即從細胞中心運向遠端。

　　除了「貨物運輸」，這類蛋白還和細胞分裂時染色體的分離有關。複製後的兩套染色體分別透過微管和位於細胞兩極的中心粒相連，再被「動力蛋白」拉到兩個子細胞中。

　　像肌動蛋白和肌凝蛋白一樣，微管蛋白、動力蛋白和驅動蛋白在單細胞的真核生物（如酵母菌）中就已經存在了，所以這種類型的

「動力火車」也已經有很長的演化歷史。這說明在真核生物出現時，就已經有了各種需要拉力的細胞活動，而肌動蛋白－肌凝蛋白系統則在後來發展為肌肉。

真核生物可能是二十一億年前出現，那時形成化石的卷曲藻（grypania），已經是大小為數公分的多細胞生物。人們現在能夠有心跳和呼吸，能夠走路、做菜、吃飯、運動、開車、寫字、作畫、繡花、跳舞、唱歌、演奏樂器等，都要感謝當年發明了肌動蛋白－肌凝蛋白系統的單細胞老祖宗。

螞蟻肌肉的相對「強大」，其實是由於簡單的幾何因素

寫到這裡，我們已經可以看出，所有的真核生物，包括螞蟻和人，都能夠使用同樣肌凝蛋白與肌動蛋白的相互作用，產生運動所需要的拉力，而且這種機制已經相當完善，效率非常高。每莫耳 ATP 水解成 ADP 和磷酸時，可以釋放出 38.5 千焦耳的能量，相當於每個 ATP 分子水解時釋放出 6.4×10^{-13} 爾格的能量，可以用 4 皮牛頓的力量拉動 16 奈米的距離。而實測的單個 ATP 被肌凝蛋白水解產生的能量，可以用 $3 \sim 4$ 皮牛頓的力量拉動肌動蛋白細絲 $11 \sim 15$ 奈米！既然螞蟻和人使用同樣的肌凝蛋白－肌動蛋白系統，螞蟻也就不可能有什麼「神奇肌肉」。

如果螞蟻並沒有什麼「神奇肌肉」，為什麼牠們又可以舉起比自己重 100 倍的物體而人卻不能呢？這簡單地說，是由於螞蟻的身體小。如果把螞蟻照原樣「放大」到人的尺寸，肌肉構造不變，螞蟻就

舉不起比自己重 100 倍的物體了，甚至連頭都抬不起來（多數螞蟻頭部和身體的比例遠高於人）；反過來，如果把人縮小到螞蟻那麼大，身體構造不變，人一樣會變成大力士。

也許你有點困惑，這是為什麼呢？這是因為物體的尺寸變化時，長度呈線性變化，面積按平方變化，而體積按立方變化。同樣形狀的物體，長度縮小 10 倍時，面積會縮小 100 倍，而體積會縮小 1000 倍。對於小的動物，同樣比例的物體，質量就要輕得多。

假設人的身高為 160 公分，螞蟻的身高為 6.4 毫米，螞蟻的身高是人的 1/250。再假設螞蟻的身體結構和人一樣，那麼螞蟻腿部肌肉的橫切面的面積就會是人的 1/62500（1/250）[2]，而體重是人的 1/15625000（1/250）[3]。假設人的體重是 60 公斤，螞蟻的體重就應該是 3.84 毫克。

由於螞蟻腿肌的橫切面是人的 1/62500，而肌肉的力量大約和橫切面成正比，而人一般可以舉起相當於自己體重的質量，理論上螞蟻可以舉起人體重 1/62500 的質量，那就是 960 毫克，是螞蟻體重的 250 倍！所以螞蟻用相對比較細的腿，就可以舉起比自己重 100 倍的物體。

這就可以解釋，為什麼許多昆蟲如螞蟻和蚊子可以有比較細的腿，而大型的動物如大象卻需要很粗的腿，因為動物的尺寸增加時，質量的增加要快很多。大象如果沒有那麼粗的腿，就承載不了那麼大的質量，也無法移動。電影《人猿泰山》裡面的巨型猿猴，有數層樓房那麼高，行動卻和真實的猿猴一樣敏捷，其實是不可能的，要是把大猩猩按比例放大到十層樓高，牠不僅不能跳躍，恐怕連走路都很困難。

簡單幾何原理的深遠影響

其實不僅是生物，這個幾何原理對許多事物都有深遠的影響。

例如灰塵是我們生活中的麻煩。不僅我們需要經常清潔，擦去桌上的灰塵，PM2.5 還會深入肺部，影響身體的健康。這些灰塵顆粒能夠隨風飄浮，好像很輕，其實每個灰塵顆粒都比同體積的空氣重得多。比如一大氣壓下，空氣的密度大約是每立方公尺 1.21～1.25 公斤，也就是每立方公分 1.21～1.25 毫克。而一般灰塵的密度都在每立方公分 2～3 克，從衣服上脫落下來的棉纖維，也有每立方公分 1.5 克，都比同體積的空氣重 1000 多倍。它們之所以能夠漂浮在空中，就是因為它們尺寸很小，表面積和體積的比例很大，所以空氣流過時產生的摩擦力就足以把它們帶到空中。

物體小到一定程度，就可以在空氣裡「飛」起來，那如果大到一定程度呢？就會逐漸變成球形，就像地球（平均半徑 6364 公里）和月亮（平均半徑 1737 公里）一樣。這個球形不是誰做出來的，而是簡單幾何關係的後果。因為當物體大到一定程度時，體積（與質量成正比）和表面積的比例變得極大，單位表面積所受的重力也會變得非常大，而岩石的強度並不變化，所以任何過凸起都會自行坍塌。地球上就只能有幾千公尺高的山，而不可能有幾一萬公尺高的凸起。而對於較小的行星，幾萬公尺高的凸起就有可能。比如小行星「愛神星」（Eros），雖然重達七十兆噸，形狀還是不規則（13 公里 ×13 公里 ×33 公里）。而「穀神星」（Ceres）是太陽系內已知的最大的小行星，平均半徑 471 公里，重 $9×10^{12}$ 億噸，形狀就已經非常接近球形。

小結

　　真核細胞相對於原核細胞的大尺寸和各種胞器的形成，都需要細胞有「動力系統」來完成運輸任務，和其他需要機械力的工作。肌動蛋白－肌凝蛋白系統在單細胞生物階段就發展出來了，其基本原理和成分一直使用到現在，所以昆蟲和哺乳動物的肌肉非常相似。由於物體尺寸變化時，長度、面積和體積按比例放大或縮小的物體，其物理性質不再和原來的物體相同，故在肌肉強度不變的情況下，生物體尺寸的變小可以使螞蟻成為大力士。在密度和強度不變的情況下，岩石既變成可以在空氣中飛揚的灰塵（尺寸很小時），也可以變為球形（尺寸極大時），可知一個簡單的幾何原理，就能對物體的行為表現有非常深遠的影響。

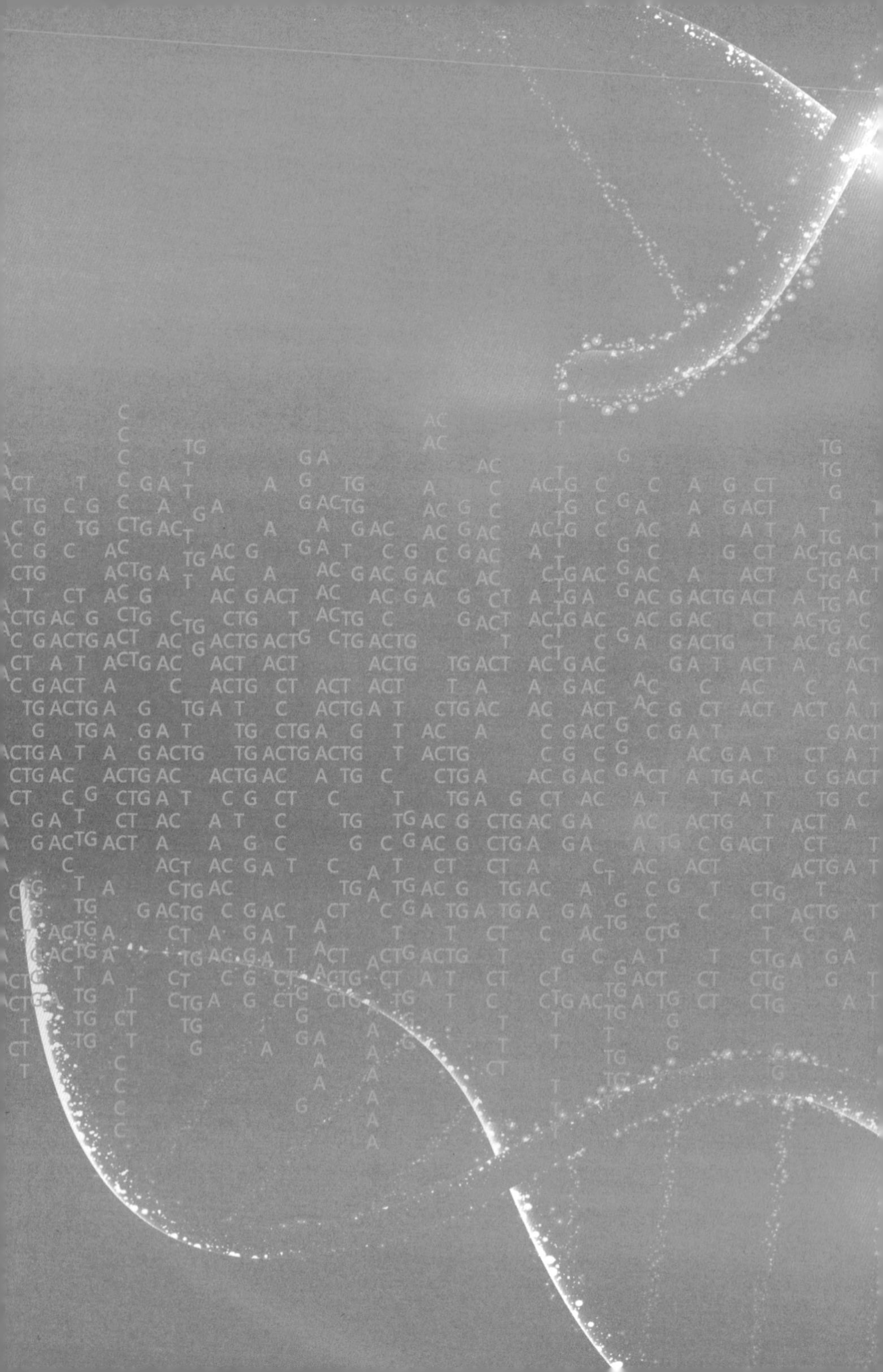

10

生命與音樂

10.1 音樂的美、奇、謎、憾

　　音樂的美是全人類公認的，沒有一個民族或正常人和音樂無緣。音樂是心靈的描寫和伴奏，音樂是情感的表現和昇華。人間的悲歡離合，有了音樂的神韻才能淒美動人，內心的喜怒哀樂，唯有音樂才能盡情揮灑。音樂也是人類的共同語言，世界各地的人們能夠透過音樂彼此溝通和理解。

　　音樂的神效並不只限於人類，「對牛彈琴」早已被證明是過時的比喻，而現在許多養牛場都放音樂給牛，使牛情緒穩定，多產牛奶；養雞場放音樂使雞心境平和，減少爭鬥。而且，沒有聽覺器官的植物也對音樂有反應，對古典音樂尤其偏愛。實驗表明：定期對植物播放莫札特、貝多芬的名曲，能使植物枝繁葉茂，生長迅速，可促使番茄早熟、蘋果增香、香蕉生長，還可以使甘藍、蘑菇、蕃薯長得更大，使水稻、小麥和玉米增產；但在強烈的搖滾樂中，植物生長緩慢甚至枯萎。不僅如此，音樂還對單一細胞有影響。科學研究表明，古典音樂能使大鼠血液中紅血球凝聚成團的程度降低，搖滾樂的作用更差，而同樣強度，但無規律的噪音則沒有作用。

　　這些事實說明，音樂的作用可以追溯到細胞層面，即透過生物最基本的生理活動起作用。2004 年，美國加州大學洛杉磯分校（Uni-

versity of California Los Angeles，UCLA) 的 James K.Gimze-
wski 教授和他的學生用原子力顯微鏡（atomic force microscope）
測定酵母細胞表面的動態情形。結果發現：酵母的細胞壁以每秒 900
次左右的頻率在振動，幅度約為 3 奈米。

　　為了知道這個振動是由於細胞內分子雜亂的熱運動，還是由於細
胞的生命活動所引起，他們在培養液中加入疊氮化鈉，一種能停止細
胞代謝的物質。很快，細胞壁的這種振動就消失了，說明這種振動是
由生命活動所引起。音樂的諧波也許就是透過和細胞自身的振動有規
律地相互作用，增強細胞的新陳代謝和生命活力；而雜亂無章的噪音
則會干擾細胞自身的振動，影響細胞的生命活動。

　　寫到這裡，我們還沒有深入到音樂的本質，一旦進一步探討，問
題就產生了。

　　首先要問的是：為什麼世界各地的人，會用相同的音階？比如
中國古代音樂中的宮、商、角、徵、羽 五聲音階，就相當於西方音
樂的 C、D、E、G、A，即簡譜中的 1、2、3、5、6。這五個音後來
還逐步發展成七聲音階：宮、商、角、變徵、徵、羽、變宮，也就是
現代音樂中的 C、D、E、F、G、A、B，即簡譜中的 1、2、3、4、
5、6、7。

　　要回答這個問題，就要知道這些音階是如何產生，這就和人對振
動頻率的反應和認知有關。如果全世界的人都有相同的反應方式和認
知規律（從所有現代人類基因都相同的事實看，應該如此），那世界
上不同地方的人在不同的時間和地點，就應該得出同樣的音階。

　　第一個基本反應，就是如果一個音振動的頻率加倍，聽上去還是
同一個音，而和頻率的具體值無關。從樂器的發聲原理來講，這比較

容易理解。樂器發聲時，並不只發出單一頻率的音，而是在基礎音上面有一系列整數倍頻率的諧波與之疊加。假定 C 的頻率是 1，那它上面還有頻率為 2、4、8、16、……的諧波與之疊加，高八度的 C 音的頻率是 2，它上面還有頻率為 4、8、16、……的諧波與之疊加。這兩列諧波的頻率幾乎相同，差的只是第一個基音，所以我們聽到的頻率差一倍的兩個音幾乎相同。

但即使是用電子樂器發出了兩個單頻率的音，彼此的頻率比為 1：2，我們感覺聽到的還是同一個音，只是一個比另一個聲音「尖」一些。兩音同時發出時，我們感覺不到彼此有任何干擾，而是非常和諧，融為一體，感覺是更雄渾的一個音。

當古人把琴絃的長度減少 1/3 時，奏出的音仍然非常和諧。2/3 長度的弦發出的頻率是全長的弦的 3/2。古人把這個產生第二個音的辦法叫做「三分損益法」。如果我們把全長的弦發出的音作為 1，那 3/2 頻率在我們耳朵裡就是 5。

這兩個事實告訴我們，如果兩個音之間的頻率比是簡單整數，那它們就是和諧的。而且數值越簡單，和諧程度越高。1：2 是最簡單的比例，除 1：2 外，最簡單的整數比就是 2：3，即 1 與 5 的關係。我們可以用這個原則來生出其他的音階。

用 5（頻率為 1 的 3/2）為起點，除高八度的 5 外，與它最和諧是音就是與它的頻率比為 3/2 的音，那這個新的音的頻率相對於 1 就是（3/2）的平方。也就是 9/4。由於 9/4 已經大於 2，根據「八度相同」的原則，我們把它的頻率除以 2，聽到的還是那個音。這樣我們就有了 9/4 除以 2，等於 9/8。這就是音階中的 2。由於這是由 1 ～ 5 的頻率比得出來的，這個辦法在中國叫做「五度相生法」。

同理，用 5 為起點，高兩個 5 度的音就是 3/2 的 3 次方，即 27/8。除以 2，得 27/16。這就是 6。用 5 為起點高三個五度就是 3/2 的 4 次方，即 81/16。由於這個數已經大於 4，除以 4，得 81/64。這就是 3。

這樣就已經得到了中國古代的五個音，宮、商、角、徵、羽，亦即 1、2、3、5、6。它們之間的頻率比是 1、9/8、81/64、3/2、27/16。其中 2 與 1，3 與 2，6 與 5 的頻率比都是 9/8。由此可以看出，頻率差一倍的兩個音之間如果要按和諧音來分，就必然得出一個音與前一個音的頻率比是 9/8。不管是中國人還是西方人，都會得到這個結果。這就是一個全音的來源。

這也說明另一個重要事實，即兩個音的頻率比為 9/8 時，它們之間的關係我們聽上去都是一樣的，而與它們頻率的絕對值無關。比如，把 2 聽成 1，那 3 就會變成 2。把 5 聽成 1，那 6 也聽上去為 2。

我們還可以再進一步。用 5 為起點，高四個五度就是 3/2 的五次方，即 243/32，除以 4，得 243/128。這就是 7。它與 6 的頻率比也是 9/8。

如果再這樣下去，最後能回到 1 這個音的高音，那就完滿了。如此，所有的音都是按 3/2 的頻率比產生的。

可惜，數學證明這是不可能的。因為沒有兩個整數 a 和 b，可以滿足下面的等式：

$$(3/2)^a = 2^b$$

即 3/2 的 a 次方不可能等於 2 的 b 次方。比如我們從 5 再走六個五度，就是 3/2 的 7 次方，即 2187/128，約為 17.09，與 2 的四次方 16 相近，也即走了近五個八度。但並不是正好五個八度，而是

多了，17.09/16 = 1.068，也就是多了約 7%。

　　因此，用五度相生法一直往上走，會產生無數個音，而且會漂移得越來越遠。

　　這個矛盾在高音 1 和 7 的頻率比 256/243，也可以看出來，256/243=1.0535，小於 9/8 的 1.125。1.0535 的平方為 1.1098，近似於全音的 1.125，但仍小於一個全音。說明這樣得出來的 7 與高音 1 的關係近似於半個音，但少於半音。這也說明用五度相生法得出的全音偏大一點，擠壓了半音的空間。

　　同樣，5 和 3 的關係也「不正常」。它們的頻率比是 3/28：1/64，即 32/27=1.1852，高於一個全音。如果從 5 往下走一個全音，就得到 4。它與 1 的頻率比是 3/2 除 9/8，即 4/3。它和 3 的頻率比是 256/243，正好是高音 1 與 7 的頻率比。

　　如此，五度相生法，加上從 5 往下走一個全音，就把頻率比為 1：2 的兩個音分為八個音，分別是 1、2、3、4、5、6、7。與 1 為 1 的頻率比為：1、9/8、81/64、 4/3、 3/2、 27/16、 243/128，相鄰兩個音的頻率比為：9/8、 9/8、 256/243、 9/8、 9/8、 9/8、 256/243。

　　這樣就把八度音分為兩部分，1、2、3、4，兩個全音加一個半音，和 5、6、7、1，也是兩個全音加一個半音，中間隔一個全音。這兩部分彼此相當，如果把 5 聽成 1，那就是頭半部分。而且音之間只有兩種比值，9/8 和 256/243。前者為全音，後者為半音，乾淨整齊。

　　在中國，五度相生法最早的文字記載見於典籍《管子》的〈地員〉，由於《管子》的成書時間跨度很大，學術界一般認為五度相生

法產生於西元前七世紀至西元前六世紀，西方學者認為是西元前六世紀古希臘的畢達哥拉斯學派最早提出了五度相生法。

但半音畢竟小於全音的一半。用五度相生法也得不出 4，而是升 4。說明五度相生法是不完滿的。而且差一點的半音也會在轉調時造成麻煩。絃樂器可以用調手指位置的辦法來調整，但鍵盤樂器就沒有辦法。為了解決這個問題，就乾脆把八度音平均分成十二個半音（五個全音乘二，再加上原來的兩個半音），每個全音是兩個半音的和（實際上是半音間頻率比的平方）。這個辦法叫做十二平均律。

歷史資料記載，十二平均律的發明者在歐洲是荷蘭人史蒂芬（Stevin，約 1548—1620），他於 1600 年前後用兩音頻率比嚴格地確立了十二平均律；幾乎在同時，中國明代科學家、音樂家朱載堉（1536—1612）也表述了十二平均律，甚至將其各次方計算到小數點後二十位（約完成於 1581 年前）。

但是中國古代音樂還是摒棄了很多 4 和 7，只用 1、2、3、5、6。古琴、古箏都只有相當於這幾個音的弦。這也形成了中國古代音樂特有的韻味，比如《春江花月夜》的意境就是很醇厚的中國味，也許是古人不想去淌不完全半音的渾水？小提琴協奏曲《梁山伯與祝英台》中則使用了 4 和 7，優美之中也帶一些現代味。

十二平均律解決了轉調的問題，卻也引入了無理數。因為每兩個半音之間的頻率比是 2 的十二次方，即大約 1.0595。它大於五度相生法的半音 1.0535，其平方 1.1225 又小於五度相生法全音的 1.125。而且任何兩個音之間的頻率比不再是簡單整數比，甚至不是任何整數比，這就違背了頻率整數比產生和諧音的原則。

另一個極端，是把所有的音的頻率比改成更簡單的整數比。

比如 3 的 81/64 就非常接近於 5/4。1、3、5 三音的頻率之比也從 1：81/64：3/2，即 64：81：96 改為 1：5/4：3/2，即 64：80：96，或 4：5：6，使大三和弦 1-3-5 三音間的頻率之比更顯簡單。然後按 1：5/4：3/2 的頻率比從 5 音（3/2）上行複製兩音，從 1 音下行複製兩音，這樣得到的頻率之比是（2/3）：（5/4）（2/3）：1：（5/4）：3/2：（5/4）（3/2）：（3/2）^{2}，即 2/3：10/12：1：5/4：3/2：15/8：9/4。

共得七個音。把大於二和小於一的數折合到八度之內。比如 2/3 小於 1，乘以 2 得 4/3，10/12 乘以 2 得 5/3，9/4 除以 2 得 9/8。再按它們的大小重新排列，就得到新的七聲音階：1：9/8：5/4：4/3：3/2：5/3：15/8：2。

這種比例法叫純律。純律出現於古希臘時期，十三世紀末由英國人奧丁頓（Odington，1248─1316）正式確立。在相鄰兩音的頻率比方面，純律七聲音階有三種關係：9：8、10：9、16：15，也就是有兩種全音、一種半音。從數字比例上看，它比五度相生律的七聲音階簡單，然而種類卻比五度律七聲音階多（五度律七聲音階只有兩種相鄰兩音的頻率比）。而且和五度相生法一樣，純律也有轉調困難的問題。

因此，沒有一種方法能夠得到相同的全音和嚴格的半音，又能保持音之間頻率的整數比。在音樂的實踐中，人們採取的是各式各樣的妥協和折中。在我們心目中那麼美好的音樂，竟沒有一個滿意的理論，不能不說是一件令人惋惜的事情。

科學理論可以不斷完善、不斷提高精確度，最後無限逼近真實數字。比如過去對水星運轉規律的計算，總是有微小的偏差而找不到原

因；而把廣義相對論的時空觀念加以考慮後，計算結果就幾近完美。而音樂理論卻做不到這一點，它的缺陷明擺在那裡，卻無法克服。

不過令人感到欣慰的是，人們的耳朵一般聽不出這三種方法產生的音階的差別。如果把每個全音再分為一百份，每份叫一個音分，那最好的調音師也只能聽出五個音分的差別。對沒有經過專業訓練的人來講，就更聽不出這些方法之間的差別了。但一旦知道我們聽到的音樂是不完美的，儘管耳朵聽不出來，心中總是會有一些遺憾。

究其深層原因，也許在於我們把人腦對音樂的感知與數學放在一起處理。後者是嚴格客觀的，前者卻是主觀感受，其生理機制還是個謎。我們不知道為什麼是頻率比而不是頻率差，決定我們對不同音高和音程的感覺。為什麼簡單頻率比的樂音使我們產生和諧和愉悅的感覺，也為從單細胞到人類的各種生物所喜歡。這些理論上的缺陷也沒有影響音樂帶給我們的美感和其強大的生命力，我們在乎的是音樂給予我們的實際享受，只要欣賞音樂時的感覺是完美的就行了。

10.2 美妙的歌聲是怎樣發出來的？

　　優秀歌手動聽的歌聲和優美的器樂曲一樣，給人以無可替代的美的享受，歌聲的表現力和感染力不亞於任何一種樂器，就是與整個樂團相比，也能一爭高下。

　　對於樂器，人們已經有了詳細的理論探討和實際製作經驗；但對於美好的歌喉，似乎沒有很多人去思考，好像這是一件理所當然的事情。

　　「他（她）音色很好，很會唱吧」。

　　其實，只要稍微了解一下我們的發聲器官，就會發現：比起樂器，人的發聲器官從表面看來實在簡陋得可憐。要了解這一點，就要先知道一些樂器發聲的知識。

　　一件樂器由三個基本部分組成。一是聲源，即聲音最初發出的地方，這一般是由彈性物質在外力的作用下以一定的頻率和它的諧波（基本頻率整數倍的頻率）發生振動；二是共鳴器，聲源發出的聲音一般都是比較微弱的，且常帶有雜音。是共鳴器隨著這些和諧音的頻率振動，成百上千倍地放大這些和諧音部分。共鳴器挑選和放大的振動則決定音色（諧波的頻率和強度）；三是發聲面或發聲孔，把由共鳴器挑選和增強的樂音傳遞出去。

比如小號，演奏者的嘴唇在氣流衝過它們而進入號嘴時振動，這是最初的聲源。小號的號管是共鳴器，小號的喇叭嘴則將放大的樂聲傳遞出去。對於小提琴，琴絃的振動產生樂音，木質面板和上下面板之間的空氣起共鳴器的作用。面板和面板上的 f 孔則將樂音傳播出去。

管樂器樂音的基音是由有效管長來決定的，所以小號用鍵閥調節管長，以適應不同頻率。小號的音頻比較高的，它的號管（共鳴器）的全長和經鍵閥改變的管長也有 1.2～2 公尺；聲音低一些的法國號，號管長度則有 3.7～5.2 公尺；而長號的號管更長達 3～9 公尺。就算是如此，它們一般也只能發出兩個八度左右的音。對於音樂頻率更廣的樂聲，就只好用多種不同的樂器或用同一樂器不同長度的共鳴管，如管風琴。

對於絃樂器，有兩種辦法來改變振動頻率：變換弦的長度或改變弦的張力。弦的長度和它發出的頻率成反比，所以可以透過改變弦長度的方法來改變頻率。但絃樂器本身的構造固定了弦的總長度，所以在實際演奏中，樂手是靠手指按弦來改變弦的自由振動長度（從手指到琴碼的距離）。但由於反比函數不是線性，在弦長較大時手指按弦比較容易，而到了自由振動琴絃已經很短的時候，音階之間的距離變得非常小，靠手指來按已經很困難。而且琴絃過短時音質也變得很粗糙，所以在實際應用中，每一根琴絃只用來發出不到兩個八度的音，更高或更低的音則轉到相鄰的琴絃上。

靠張力改變來變換頻率的作用也很有限，因為張力與頻率之間的關係不是線性的，而是平方關係。也就是說，要想把弦的頻率加倍（即高八度），弦的張力必須要增高四倍。這不是任何琴絃能夠承受得

了。而且樂手在演奏時也很難大幅地改變弦的張力。由於這兩個原因，幾乎所有的絃樂器都是使用多根弦來覆蓋不同頻率範圍的音頻。

人的發聲器官更像一把小號，聲帶相當於吹號的嘴唇，聲帶上面的氣道作為共鳴器，而口腔類似於小號的喇叭嘴，將聲音傳遞出去，但聲帶裡的韌帶的發聲原理又類似琴絃。

與典型的樂器如小號和小提琴相比，人的發聲器官就顯得太簡陋了。比如女性的聲帶只是兩條 1.5～1.8 公分長的肌肉組織，男性的稍長，也不超過 2.4 公分。它們看上去鬆鬆軟軟的，很難想像這樣「簡單」的結構如何能發出如此美妙的歌聲來。

而且從聲帶到嘴唇只有短短的十幾公分的距離，只相當於管絃樂隊裡最高音的樂器——短笛的長度。而且這個長度很難大幅改變。就是嘴唇的伸出和縮回，長度改變也只有幾公分。而人的同一根聲帶，加上長度有限的共鳴管，卻能夠發出四個八度以上的音。對於任何天然物質，從理論上說這都不可能。就像要短笛吹出樂隊裡所有音程的音一樣。或要同一根弦發出 4 個八度的音，而且所有的音都要音色優美，但我們的發聲器官卻奇蹟般地做到了。

人聲帶的三重結構

原因之一，就是我們的發聲器官使用的並不是天然物質，我們的聲帶也並不是單一結構，而是由三種不同的結構，即韌帶、肌肉和黏膜組成。

最靠近聲門（兩根聲帶之間的縫隙）的地方各有一根韌帶，每根相當於一根琴絃。但與琴絃不同，它的張力隨拉伸程度非線性地迅速

增加。比如長度從 1 公分拉伸到 1.6 公分，其張力可以增加三十倍，這是樂器的琴絃所做不到的。張力增加三十倍，相當於增加五倍多的頻率（30 的平方根約為 5.5）。但韌帶增長 60% 又會使頻率降低，使得頻率淨增約三倍，也就是約一個半八度。進一步拉伸韌帶會使張力增加得更快，發出更高的音。所以靠拉伸韌帶，可以發出很高的音。聲帶的高音主要是由韌帶發出，受驚時發出的尖叫也是由韌帶發出。

聲帶 90% 為肌肉組織。肌肉組織有一種神奇的特性，就是它能在縮短的時候增加張力，這和琴絃的性質正好相反。琴絃要在拉伸時才增加張力，因而部分抵消張力增加所引起的頻率上升。如此，肌肉收縮時所提高的張力和縮短的長度都同時增加振動頻率，使得對頻率的調節更加靈敏。而且這些肌肉不是均勻的，其中又分為許多層，層與層性質不同，有的能收縮，有的不能。這樣就形成了許多平行的振動面，在肌肉收縮（因而張力增加）時發音。中音和低音主要是由肌肉層發出的。所以看上去是簡單的聲帶，其實包含了高音和中低音兩種弦，可以覆蓋廣泛的音域。

由於聲帶的振動是由空氣流引起，聲帶還有另一個裝置來增強對氣流能量的接收，使得聲帶的振動更為有效和強烈。這就是覆蓋在聲帶表面的一層薄薄的黏膜。它的下面有一層液體狀的物質，使這層黏膜很容易在氣流中起水波，就像風颳過水面一樣。這些能量再傳給肌肉和韌帶，使得後者獲得足夠的能量發生振動。

因此，聲帶不但含有相對於高音區和中低音區的振動弦或面，還有增強氣流效能的能量接收器，它就具備了在氣流作用下有效地發出廣泛音程的能力。

真聲和假聲

聲帶肌肉（實為裡面的振動面）發出的聲音在中音和低音的範圍。這時是聲帶的肌肉收縮變緊而發聲，韌帶是放鬆的。由於肌肉占聲帶體積的 90%，所以幾乎整個聲帶都在振動。這樣發出的聲音飽滿響亮。男女歌手在這個音頻範圍內都用肌肉的振動面來發聲。這樣由聲帶肌肉的振動發出的聲音叫真聲。

而位於聲帶邊緣的韌帶，只占聲帶體積的 10% 左右。它既可以發高音，也可以發中頻的音。光用韌帶發聲時，只有聲帶的內緣在振動，聲音透明、纖柔、輕盈，和真聲的音質有很大的不同，稱之為假聲。歌手透過調節聲帶自身的肌肉張力和聲帶周圍肌肉的張力，可以有選擇地主要使用肌肉發聲，或主要使用韌帶發聲，在真聲和假聲之間來回變換。

不論男性或女性，都可以唱出真聲與假聲兩種。只是在習慣上，男歌手一般只用真聲演唱，京劇中小生用假聲演唱，這是特殊情形；女歌手有真聲與假聲都用，如豫劇中女聲的演唱。中國京劇、崑曲中的小生，也是真假聲交替使用。有僅用假聲的，如評劇中的青衣、花旦。也有僅用真聲的，如越劇。中國戲曲中的老生、老旦，也是用真聲演唱。

有趣的是，女歌手和男歌手對於韌帶在高音區的使用情形不同。由於女性的聲帶本來就比男性的小，肌肉發聲的音頻範圍也比男性高，所以從肌肉到韌帶發聲的變換比較自然，不容易留痕跡。我們聽見的是音程的連續轉換，在音質上沒有明顯的不同。

男性歌手則少用韌帶發高音，而主要依靠聲帶的肌肉。所以男性

發聲比女性要低一個八度左右。但是經過練習，男性的韌帶也能發出高音。但這樣的高音與平時的男中低音難以自然銜接，我們聽到的是不同音質的音，更像是女歌手的聲音。這種在高音區使用韌帶的唱法，是男性歌手特有的發聲方法，也為假聲。

由於假聲男高音類似女聲，所以可以用來模仿女聲，梅蘭芳扮演的花旦就是最好的例子。相聲演員模仿女聲，用的也是韌帶發的假聲。

男性的假聲歌唱在西方也歷史悠久，早在八世紀西班牙就十分盛行假聲歌唱，很快就代替了唱詩班中的童聲。古代歐洲一些教堂（如英國與俄羅斯的教堂）的男性女高音也是用假聲演唱。

人的氣道可以對聲源做能量反饋

聲帶的特殊結構解決了聲源的問題，但共鳴管的問題還沒有回答。樂器的尺寸主要是由共鳴器的大小所決定，但歌手卻必須用人類既有的氣道來做共鳴器。而從聲帶到嘴的開口，距離只有十幾公分，從大部分樂器的角度來看都是太短了。在這個長度下，最低的共振頻率約為 500 赫。樂器的聲源和共鳴器各自運作，相互獨立。如果人的聲帶和氣道也這樣工作，那氣道想使聲帶發出廣泛樂音頻率，可以說是毫無希望。

當然人還有鼻腔、胸腔等可以用作共鳴腔。但唯一可大幅度變換形狀的還是聲帶以上的氣道和口腔。而且正是在這個區域，發生了一個與樂器的發聲原理不同的過程，那就是能量回饋機制。這有點像盪鞦韆。如果每次在正確的時間點給予鞦韆一個小小的推力，鞦韆就會

越盪越高。

科學研究表明，在聲帶上方的空氣柱有一種慣性，即對聲帶振動的反應有一個滯後期。當聲帶在第一個振動週期中打開時，空氣流過聲門，推向正上方靜止的空氣柱。由於這個空氣柱的慣性（不能立即順著下面的空氣流一起走），聲門和它正上方的空氣壓力會短暫地增加，把聲帶推得更開。當聲帶由於自身的彈性又關閉時，從氣管來的空氣流被截斷，而聲帶上方的空氣柱卻由於慣性仍然在往上運動，在聲帶上方造成一個局部的真空，使得聲帶更有力地彈回來（關閉）。每次振動都這樣得到加強，疊加起來的效果就像是無數次地在恰當的時間給予推力，使原來聲帶發出的聲音大大增強，也就造成了共鳴的效果。由於這個過程是由空氣柱的慣性所引起，這個機制叫做慣性反應。這是人的共鳴和樂器共鳴機制的重大區別，也是人有限的氣道能使各種頻率的樂音得到加強的主要原因。

但這個過程不是自動發生的，而是需要歌手調節聲帶和氣道的形狀，才能使這種效應得到最好的發揮，即使所有音程的樂音都能從慣性反應得到加強。這不是一件容易的任務，需要長期的練習。

氣道形狀的作用

要使慣性作用對每一種頻率起作用，氣道的形狀也很重要。對於高頻率的音，歌手的嘴要盡可能地張大。這時嘴的形狀就像一個擴音器，或小號的喇叭部分。這樣對於男性，高至 800 ～ 900 赫的音都能透過慣性反應得到加強。而對女性，能得到慣性反應的頻率還要高20%。

當歌手唱中音時，喉前庭（緊靠聲帶的氣道）收窄，咽喉（口腔後面的氣道）則盡量擴張，嘴也收攏，形成一個倒放的喇叭形狀。這個形狀使中音頻的音最能得到慣性反應的增強作用，發聲練習的一個主要內容就，是找出能使各種頻率的音得到最佳的慣性反應效果的氣道形狀。

說話和唱歌——生活和藝術

我們說話的音頻也是在中、低音範圍。但說話和唱歌有很大的不同。話語中，每個音的時間都很短暫，音調很快地變來變去，也不要求嚴格的音準，所以對發音器官的要求不高。我們每天說話，相關的發聲組織也由於每天的反覆使用，而保持良好的工作狀態。所以用於語言的發聲，已經成了我們日常生活的一部分。

但唱歌卻常常要求持續地發同一個音，要求音準，要求廣泛的音域，要求優美的音質。這些都需要對聲帶肌肉和韌帶發聲的精密控制，要求穩定、能按需要變化的氣流，需要氣道不同部分不同形狀的調節，要求巧妙地配合使用身體各個共鳴腔。這些能力都不是天生的，而是後天獲得的本領，已經屬於藝術的範疇，所以都需要對控制這些過程的神經進行長期訓練，稍一停頓，就會退。

我們都有這樣的經驗：隨著年齡增長，我們說話的語音並沒有很大的改變，多年不見的朋友從電話傳過來的聲音仍然和當年幾乎一樣，但我們唱歌的能力卻隨著年齡不斷下降。而且越多年不唱歌，唱歌的能力越弱，說明說話和唱歌所使用的控制機制不同。同理，專業歌手唱出的優美歌聲大多數人不能比擬，說話卻和常人無異。

　　人的發聲結構比起標準樂器，似乎過於簡陋和先天不足；但現代科學研究卻表明，正是因為我們的發聲器官是由活體組織構成，氣道和嘴的形狀又可以按音頻的需要隨時變換，再加上歌手經過長期練習後，獲得精確控制與發聲相關的所有肌肉能力，才能以這些看上去不起眼的生理構造發出美妙的歌聲，這也是生物演化的奇蹟之一。

11

經絡現象祕密初探

11.1 經絡現象是客觀存在的

經絡現象是中國傳統醫學的偉大發現之一，用針灸、艾灸、按壓等方法，對身體表面的一些特殊的位點（叫做穴位）刺激，可以在身體內與刺激位點不同的部位，產生各種生理效應，而且這些反應部位（特別是臟器）與體表位點之間存在對應關係。古人利用這種現象，透過刺激某些穴位治療各種疾病和減輕病痛，這就是在中國已經有幾千年歷史的針灸療法。反過來，內臟的病變也可以在體表反映出來，產生壓痛點和皮疹。這些體表反應點和發生病變的內臟之間也存在對應關係，可以被醫生用作診病的依據之一。

古人是如何發現刺激穴位能治病的，現在已不可考證，但是我們可以做一些推測。

古人是如何發現穴位？

牙痛是一件很令人煩惱的事，而在原始的生活條件下，牙痛更加折磨人。如果有一天，古人的拇指和食指之間的三角區受傷出血（這是很容易發生的），為了止血，他會對出血處進行按壓；出乎他的意料，這一按使他的牙痛減輕。這個位置，就是後來的合谷穴，直到現在還是效應最強、使用最多的穴位之一。

古人的食物粗糙混雜，衛生條件不佳，吃壞東西肚子痛也是常有的事。如果有一天，古人膝蓋前外下方受傷出血（這也是腿部最容易受傷的部位之一），他去按壓止血，突然發現肚子痛減輕了。這個位置就是足三里穴，也是效應最強、使用最多的穴位之一。

所以我們可以推測：穴位的發現，也許就是從這兩個效應最強、又處在最容易受傷位置的兩個穴位——合谷穴和足三里穴開始。它們所對應的，也正是古人最常見的病痛（牙痛和肚子痛），所以它們最有可能被首先發現。

按壓身體的特定部位能減輕身體某處的病痛，這在醫療條件幾乎不存在的古代，是一個極有價值的發現。它為古人提供了一個有效而又簡易的治病方法。一旦古人認識到按壓某些位點能鎮痛，他們就會繼續探索，尋找更多的鎮痛點。

在尋找鎮痛位點時（必然是在身體的各個部位逐一試探），古人發現：身體有的地方在按壓時沒有什麼特殊感覺，有的地方卻很敏感，重壓時會產生酸、脹、麻的感覺；接著他們又發現，具有鎮痛作用的位點，多數會產生這樣的特殊感覺，而沒有治療效果的地方就很少有這樣的感覺。這樣他們就逐漸把能夠治病，按壓又有特殊感覺的體表位點與體表的其他區域區別開。這些特殊的位點後來就叫做「穴位」，這種感覺後來叫做「得氣」，是針灸是否有效的重要標誌之一。

當然，我們也可以設想其他發現穴位的過程。古人在山林中覓食，在荊棘中穿行，很容易被植物的刺所刺傷。如果碰巧刺在穴位上，深淺也正好合適，也會產生和按壓相似的效果，甚至更好。被刺和按壓中哪一種導致了穴位的發現，已經無法確定了，但其中的邏輯過程一樣。直到現在，針灸和按壓這兩種方法仍然在臨床中使用。

　　還有一種刺激穴位的方法，既不是按壓，也不是針灸，而是加熱。古人在用加熱卵石取暖的過程中，發現加熱身體的某些部位，也有減輕或消除病痛的效果，這也許就是「灸」（用特製的艾條來燻烤穴位以治病）的來源。與按壓和針灸穴位一樣，這種治病方法也簡單易行，在古代的原始條件下就能施行，這種方法和針灸合起來，就成為刺激穴位的主要方式，合稱針灸。

　　到後來，針灸的治療範圍逐漸擴大到其他疼痛，比如頭痛、腰背痛、關節痛和婦女的痛經等等；再往後，治療的對象也逐漸擴大到疼痛以外的病症，如發熱、氣喘、腹瀉、噁心、嘔吐、消化不良等，這些都是原始社會中容易發生的病症；就是到今天，要是去看現在出版的針灸教科書，它們仍然是針灸治療的主要症候，而目前西方國家使用針灸治療的主要疾病，也多在這個範圍內。

　　隨著治療範圍不斷擴大，穴位的數目也不斷增加。《黃帝內經》裡就已經記載了 160 個穴位的名稱；到了晉代，皇甫謐編撰的針灸專著《針灸甲乙經》裡，記述了人體 340 個穴位的名稱、別稱、位置和主治病症；到了現在，有名稱的穴位已經超過 700 個，人體總計穴位有 720 個，（其中）醫用 402 個。

　　科學發展的過程曲折，也充滿了偶然性，常常是一個人的一念之差，決定了是否能有科學發現。在原始條件下要發現穴位治病不是一件容易的事。需要有症狀、體表的傷害，還要傷得恰到好處。刺激這個位置的效果，正好要與那個人當時的病痛相對應，傷害的程度也要合適，太輕沒有作用，太重傷害本身，就會變成了比原來病痛更嚴重的事情，也就不會發現它的治病效果；更重要的是，當事人還得是一位善於觀察和思考的人。要這幾個條件都集齊，機率極小。我們窮一

生的經歷，也沒有從自己的經驗中發現這個現象（學習有關知識和接受針灸治療除外）。

所以我們也可以推測：最初發現穴位能治病的，也許就是一個人。由於他（或她，下同）的發現，中國古老的大地上不但產生了針灸療法，也深刻地影響了古代中國人對人體的認識，以及後來中國傳統醫學理論的形成和發展。他在中國醫學歷史上的作用，怎麼強調都不過分，可惜我們已經無法知道他是誰，也無法給他立紀念碑了。

穴位被西方人發現：亨利·海德的「極值點」

穴位治病，反映的是體表和內臟之間相互影響的關係，這種關係是一種客觀存在的生理現象，只要有合適的機遇，無論是中國人還是西方人都有可能發現它。雖然發現它的機率很小，但是在幾千年之後，這種現象還是被一位西方人發現了，這個人就是英國科學家亨利·海德（Henry Head，1861—1940，以下簡稱海德）。

海德出生於倫敦，從小就想成為一名醫生，他在劍橋大學的 Trinity College 獲得自然科學學位後，就去德國的 Halle 大學學習生理學和組織學。應生理學家 Ewald Hering 的邀請，他去布拉格（Prague）研究呼吸生理和彩色視覺，然後回到劍橋大學，在那裡學習解剖學和完成生理學課程，並在 1890 年成為一名醫生。他先在劍橋大學的醫院工作，後來去維多利亞胸部疾病醫院當醫生。

在醫院工作期間，海德注意到內臟疾病和皮膚變化之間有關聯，他的醫學博士論文的題目就是〈內臟疾病所引起的感覺變異〉（Disturbances of sensation with especial reference to the pain of visceral disease，發表於 1893 年 Brain 雜誌上）。他發現：內臟病變會使皮膚上一些區域的敏感性增高，甚至疼痛。他把這種疼痛叫做轉移痛（referred pain）。他非常精確地描繪出與不同的病變內臟所對應的皮膚敏感區域。這些圖的品質非常之高，以至於後來人們為這些區域取了專門的名字，叫做 Head Zones 或 Head Areas，中國稱為海氏帶。你只要搜尋這幾個字，立刻就可以從網路上看見他當年繪製的圖。

不僅如此，他還發現：在這些敏感區域內還有一些特別敏感的點，他叫它們極值點（maximum points）。在他繪製的圖中，一半人體畫敏感區域，一半人體畫極值點。

他發現：（在這些極值點上）「皮膚非常敏感。用力按壓這些點能減輕疼痛，而不是增加。」（There is great cutaneous tenderness...Yet firm deep pressure relieves，rather than aggravates，his pain）這句話和本章開始時，關於古人發現按壓能鎮痛的推測，是不是幾乎相同？在前文裡我們只是猜測，而海德的發現卻是有清楚紀錄的實際例子。

他還說：「用芥菜葉貼在胸部和背部的極值點可以消除噁心和嘔吐。」（Mustard leaves applied to the maximum spots of the affected areas of the chest or back，...will remove the nausea and vomitting）這和中國針灸師在穴位上用藥治病（比如藥針）的做法是不是如出一轍？

2011 年，德國的法蘭克福大學（Goethe University，University of Frankfurt）和 Charite 大學的科學家合作，重新審視了海德的「極值點」，並和中國的穴位位置進行對照，得到了有趣的結果。

他們選擇了海德所記錄的 4 位患者的內臟疾病，分別是肺（急性支氣管炎）、肝（膽囊結石）、胃或脾（肚子痛）和腎（腎結石）。然後按照中國《針灸甲乙經》裡的描述，挑選了與這四個器官對應的「募穴」（位於胸腹面，與內臟對應的穴位）的位置。這四個穴位分別是：肺—中府、肝—期門、脾—章門、腎—京門。同時他們也按照《黃帝內經》的描述，挑選了背部與這些內臟對應的俞穴（俞發音 shu，第一聲），即肺俞、肝俞、脾俞和腎俞的位置。最後把這些穴位的位置與海德繪的，對應於肺、肝、脾、腎的極值點的位置進行比較，發現二者非常重合！ 對此結果感興趣的讀者，可以去看這些德國科學家的原文（Beissner F，Henke C，Unschuld PU.Forgotten feartures of Head Zones and their relation to diagnostically relevant acupuncture points.Evidence-base Complementary and Alternative Medicine，2011，2011：240653.）

這些結果說明，中西方發現了同樣的體表位點與內臟之間的對應關係，只不過這些位點在中國稱為穴位，而海德稱之為極值點，而且海德已經有和古人同樣的思路，即利用這種聯繫來治病。但後來的西方醫生不如海德，就像這篇文章的作者所指出的，他們只是把海德的極值點作為診斷疾病的輔助手段，沒有加以重視；而在中國醫學中，募穴和俞穴既能診斷，又能治病。當一個位點感到痛，或按壓這個點可以緩解原有的痛，就把這個位點作為可以用針灸和其他有關的技術來治病。這是把一個簡單的概念反過來用——這裡是從皮膚到內臟。正是這種做法，使中國人的想法如此迷人（West Head zones are purely used as a diagnostic tool...In Chinese medicine，however，Mu and Shu points are both，diagnostically and therapeutically relevant.When a point is aching or when pressure on the point relieves an existing pain，this point is considered for treatment with acupuncture，moxibustion or related techniques.It is this simple idea to take a reversed action—from the skin to the viscera—for granted，which makes the Chinese concept so intriguing）。

而且，中西方做出這個發現的時間點相距太大，環境完全不同，因而命運也不一樣。海德生活在西方醫學已經建立器官系統觀念的時代，因為與主流觀點不合，他的發現只是靈光一閃，隨即被人遺忘；直到一百多年後，他的工作才被人們重新記起。而中國的發現是在幾千年之前，沒有受到西方思維方式的影響，因而能夠在當時的歷史條件下獨自發展，形成中國獨特的經絡理論。

經絡理論在中國的形成和發展

既然刺激穴位能治病，古人就會想，是什麼管道把刺激穴位的效果傳輸到生病的內臟上去？對於這個問題，古人也許從下面兩個現象中得到了啟發。

一是治療同一病症的穴位常呈線性排列。在針灸治療的實踐中，古人逐漸發現：治療同一病症的穴位常常不止一個。比如治療腹痛，除了前面說的可以針灸足三里穴以外，還可以針灸上巨虛穴（在足三里穴的正下方）、內庭穴（在足背，第二三趾之間）、梁丘穴（在足三里穴的正上方）和天樞穴（在中腹部）。再觀察一下這五個穴位在體表的位置，就可以發現它基本上呈線性排列。它們之間的連線，就是

現在我們知道的胃經路線的下半部分。

二是線性感傳。在部分患者身上，針灸和按壓穴位產生的酸、脹、麻的感覺還能沿著一定的路線傳遞，有時甚至到達治病部位。這種現象在 1948 年，由日本的針灸學家柳谷素靈在《針灸醫術入門》中提到；1951 年日本的岡部素報導了 135 例這種現象；而從 1973 年起，中國開始大規模研究，由 30 多個機構統一方法，在 20 多個省、市、自治區中對 63228 人進行調查。調查結果表明：有 15%～ 20% 的人能感覺到這種現象，所以它是一種客觀的生理反應。這些感覺傳遞的路線和經脈的路線相同或相似，所以後來就被叫做「循經感傳現象」。譯成英文就是「propagated sensation along channels」。不僅如此，在已經被觀察的外國人中，包括莫三比克人（203 例）、奈及利亞人（182 例）、塞內加爾人（193 人）、英、美德、法等白種人（110 例），也有循經感傳的現象，說明這一現象沒有人種和地域的分別。

因此可以設想，古人也很早就發現了這種現象。再和上面說的同類穴位呈線性排列的現象結合起來，就使古人逐漸產生了經脈的概念。經脈聯繫穴位和內臟，刺激穴位的治療效果由經脈傳輸到體內的病變部位，這也許就是經脈思想最初形成的過程。

再後來，發現的穴位越來越多，情況也越來越複雜，簡單的幾根經脈已經不能解釋所有的治病結果了。於是在經脈的基礎上，又加上了絡脈的概念。經脈是主幹，絡脈是分支，由經脈和絡脈構成聯繫全身的網路，合稱為經絡。

最初的經絡思想應該是直觀而簡單的，但是要總結為正式的經絡理論，情況就不那麼單純了，一定會受到當時主流思想的影響。了解

經絡理論早期形成的過程是一件非常有意思的事情，可惜這個階段早已為歷史湮沒。1973 年在湖南長沙馬王堆出土的《足臂十一脈灸經》和《陰陽十一脈灸經》，是現存最早記載經脈理論的文獻，其中已經有三條足陽經、三條足陰經、三條手陽經和兩條手陰經的名稱。這和《黃帝內經》裡記述的十二經脈已經非常相似，說明經絡思想的形成時間比《黃帝內經》的成書之年要早得多，而我們只能從這些經脈的名稱和內容，推測經絡理論在形成過程中受到哪些思想的影響。

一是陰陽學說。《黃帝內經》成書於西漢時期，在西元前 99 年—前 26 年；而成書比《黃帝內經》早約 1000 年的《周易》（據信成書於商末周初，即西元前 1066 年左右）裡，就已經有了陰陽的思想。《周易》看似一本卜卦的書，實際上包含中國古代的哲學思想，它的基本卦象由「一」、「一一」兩爻（「爻」，音同「搖」，二聲）組成，「一」為陽爻，「一一」為陰爻。三個陽爻為乾，後來作為男性的代稱；三個陰爻為坤，後來作為女性的代稱。由陽爻和陰爻的不同組合，代表天、地、雷、風、火、水、澤、山八種最常見的自然事物。從它對事物的概念可以看出，它是把上、外、動，熱、亮看為陽，把下、內、靜，涼、暗看為陰，認為自然界所有的變化，都可以歸結為陰陽兩種勢力的消長，而且這兩種勢力是相互依存，相互轉化的。這種觀點和現代哲學中，認為事物都有正反兩面的對立統一學說相通。陰陽概念具體在人身上，就是上為陽，下為陰，外為陽，內為陰，背為陽，腹為陰。

二是臟腑概念。古人從捕獲的獵物、屠宰的家畜、戰爭中的屍體以及對死刑犯的處理過程，了解到有關內臟的知識。在這些知識的基礎上，他們提出了五臟五腑的概念。臟是實體性的器官，包括心、

肝、脾、肺、腎，因為都位於身體內部，所以屬陰；腑是內空的器官，包括小腸、膽、胃、大腸、膀胱，直接或間接和體外相通，所以屬陽。而且臟和腑之間還有相互配合的表裡關係，如心與小腸，肝與膽，脾與胃，肺與大腸，腎與膀胱。

三是氣血學說。古人認為：氣、血、精、津液由身體的內臟產生，為維持身體的健康狀態和各種功能所必需。其中，氣和血運行於經脈，連接和滋養身體的各個部分。那氣和血又是什麼關係呢？《黃帝內經·靈樞經·營衛生會》說：「血與之氣，異名同類。」《黃帝內經·素問·調經論》說：「氣為血之帥，血為氣之母。」《不居集》說：「氣即無形之血，血即有形之氣。」

四是天人合一的思想。古人認為，世間一切事情，包括人的身體，都是自然界（天）的反映。「天有四時，地有四方，人有四肢」，所以人要與天對應。《黃帝內經》強調，人「與天地相應，與四時相副，人參天地」，要「與天地如一」（《黃帝內經·素問·脈要精微論》）。

這些思想都影響了經絡理論的形成，比如與內臟對應的原來只能有十條經脈，因為只有五臟五腑；但在同時，古人又把「十二」看成天之大數，因為一年有十二個月，所以經脈也應該是十二條。那怎麼辦呢？那就把所有的內臟都合起來，連同容納它們的體腔，統視為腑，另外取一個名字，叫做三焦，又可以按在體腔裡的位置，分為上焦、中焦和下焦。又把心臟分為心和心包，這樣就多出來一個臟（心包）一個腑（三焦），就可以達到《黃帝內經·靈樞經·五亂》中說的「經脈十二，以應十二月」。長沙馬王堆裡出土的《足臂十一脈灸經》和《陰陽十一脈灸經》所缺的一條手陰經，也是用把心分成兩個臟器來補上。

在這些思想影響下產生的十二主經脈中，經過上肢和下肢的各有三陰三陽六條經脈。位於肢體外側的為陽經，位於肢體內側的為陰經。陽經與陰經分別與其陰陽性質相同的臟和腑相連，這樣就有：

手陽明大腸經，手少陽三焦經，手太陽小腸經；

手太陰肺經，手厥陰心包經，手少陰心經；

足陽明胃經，足少陽膽經，足太陽膀胱經；

足太陰脾經，足厥陰肝經，足少陰腎經。

按照這樣形成的經絡理論，經絡是人體運行氣血、溝通內外、貫穿上下的路徑。它們內連臟腑，外絡肢節，是人體功能的聯絡，調節和反應系統。穴位即是人體臟腑氣血輸注的特殊部位，與體表和深部組織器官都有密切聯繫。訊息的傳遞是雙向的，既可以從內通向外，把內部的疾病反映到體表；又可以由外通向內，透過對體表的刺激來疏通經絡，調整臟腑，協調陰陽，防治疾病。

不僅如此，這十二經脈還首尾相貫，依次連接，因而經脈中的氣血也循經脈依次傳注。一天二十四小時（十二個時辰）中，從肺經開始，氣血按肺經─大腸經─胃經─脾經─心經─小腸經─膀胱經─腎經─心包經─三焦經─膽經─肝經的順序流動，再回到肺經，開始下一個循環，這個氣血在一天中沿十二經脈依次流動的過程，叫做「子午流注」。

經過歷代的發展擴充，經絡已經是一個非常複雜的系統。除了上面所說的十二經脈外，還有奇經八脈、十二經筋、十五別絡以及孫絡、浮絡等。這些系統中，有些是屬於臆測，比如十二經筋，它是把全身的筋肉按經脈的運行路線分為十二個區域，叫做十二經筋；但是臨床實踐的結果常與其衝突，也就沒有再發展。還有奇經八脈中的衝

脈和帶脈，前者在古籍中的記載多種多樣，後者只有零星記述。所以
具有實踐基礎，有臨床指導意義，又被研究和使用得最多的，還是
十二經脈與奇經八脈中的任脈和督脈，總稱十四經脈。任脈位於軀幹
腹面的正中，督脈位於軀幹背面的正中。它們分別和陰經和陽經聯
繫。任脈是「陰脈之海」，督脈是「陽脈之海」。

在這篇文章中，我們把全身各部位之間的相互聯繫與影響，包括
體表和內臟之間，以及與之有關的一些生理現象（如循經感傳），借
用經絡理論的名字，把它稱之為經絡現象，是一種客觀現象，與人的
主觀思維無關，中國人、外國人都可以發現它；而經絡理論則是古人
解釋這種現象的一種理論，是人的主觀思維。人們也可以提出別的理
論，所以經絡現象也可以有別的名字。但是在經絡現象的實質完全明
朗之前，我們還是先使用經絡現象這個名字。

經絡理論的優點和缺點

經絡理論是古人的寶貴發明，它系統地歸納了古人對經絡現象的
大量觀察和紀錄，以及運用它們來治療疾病的豐富的臨床經驗。它也
是目前世界上唯一的關於經絡現象的完整和系統的理論。經過歷代針
灸工作者的實踐和補充修正，這套理論已經相當完備，能夠有效地指
導醫務工作者用針灸療法治療各種疾病，有很大的臨床價值。就是現
在西方的科學家研究經絡現象，也要先了解中國的經絡理論。

經絡理論所描述的體表和內臟、體表與體表以及內臟和內臟之間
的聯繫，是西方醫學所欠缺的，具有很高的理論價值。西方醫學把人
體分為許多系統，如呼吸系統、消化系統、排泄系統，等等，它們在

結構上自成系統，功能上彼此相對獨立，每個器官的功能也基本上與它所屬系統有關，而與其他系統的器官沒有多少關係。比如西方就不考慮心臟和小腸有什麼關係，肺和大腸有什麼關係。如果說西方醫學對人體分析研究思路是縱向的，那經絡理論的思路就是橫向的，或者說是網狀的。

中國的臟腑觀念雖然和西方的看法有相似之處，比如心主血液流動（「心主身之血脈」），肺主呼吸（「天氣通於肺」，「諸氣者，皆屬於肺」），腎主排泄（「腎者，水臟，主津液」，「腎者主水」），但是每個臟器還有其他的功能。比如心還和思想、神智有關（「心者，君主之官，神明出焉」）；肺還和氣、血、津液的宣發有關，進而和體表的皮膚毛髮有關（「肺主皮毛」）；腎還和生長發育以及生殖有關（「女子七歲，腎氣盛，齒更髮長」；「丈夫……二八，腎氣盛……精氣溢瀉，故能有子」）等等。

另一方面，同一個生命現象或生理過程又和多個臟器有關。比如精神活動就與五臟都有關係，「心藏神、肺藏魄、肝藏魂、脾藏意、腎藏志」。呼吸與肺和腎都有關係，「肺為氣之主，腎為氣之根，肺主出氣，腎主納氣」。血液循環與心、肝、脾都有關係，「肝藏血，心行之」，「五臟六腑之血，全賴脾之統率」等等。不僅如此，每一個臟器和所有其他臟器之間都有關係。

古人是如何形成這些觀念，現在已經無法考證了，但我們可以做一些推測。

一是針灸實踐中的發現。常常是同一根經脈可以治不同臟腑的病（一經多臟），而同一個臟器的病又可以被不同的經脈所治療（一臟多經）。比如針灸胃經上的足三里穴不但可以治療腹部的疾病，還可以

治療卒中（腦部疾病）、心悸（心臟疾病）、氣短（肺部疾病）；針炙大腸經上的合谷穴可以治療頭面部疾病，還可以治療閉經（子宮疾病）、腹痛（胃腸疾病）。這自然就使人們產生臟腑之間相互聯繫的概念，是臟腑之間的聯繫把治療效果從一個臟器傳到另一個臟器。

二是治療一個臟器的病，常常引起另一個器官的變化。比如治面部的黃褐斑和痤瘡，一般的做法是做皮膚表面處理；但是如果同時對肺的功能進行調節，治療面部疾病的效果就會更好。古人可能也觀察到類似的現象，所以產生了內臟和體表互相影響的思想，如肺主皮毛。另外，肝的功能狀況直接關係到眼睛的外觀，視力的好壞。病毒性結膜炎和角膜炎以及屬於結締組織病變的鞏膜炎，用清肝的方法治療，常可以得到比較好的效果。古人可能也是從類似的經驗中，得到了「肝開竅於目」的概念。

三是當時的知識水準。經絡現象在中國發現於幾千年之前，那個時候人們對於人體結構和功能的了解還比較原始。五臟是最為明顯的器官，把人的各種基本生理活動歸結於這些器官是很自然的。特別是心，心跳一停，血液就停止流動，神智也很快喪失，把心的功能歸於血液流動和思想活動可以理解；肺開口於鼻，氣息不斷進出，自然會想到肺主呼吸；腎有管子連到膀胱，膀胱又和尿道相連，當然會意識到腎和排泄有關；精液和尿液從同一管道裡出來，這也容易使人認為腎和生殖有關；而腦和脊髓看上去像骨髓，而且都是包在骨頭裡面的，容易被認為是一類東西，比如把骨髓和脊髓都統稱為「髓」；骨頭裡面的東西看上去沒有動靜，好像很難和精神活動聯繫起來等等。但是古人也不能等幾千年再建構想法，而是必須根據當時最高的知識水準來構建理論。

在這些認識的基礎上形成的經絡理論，沒有像西方那樣把人體分為縱向、彼此相對獨立的系統（被經絡「拴」住了，分不開），主導思想是人體各部分之間的相互聯繫和影響（符合經絡的性質）。臟器之間也有分工，但更強調的是聯繫與合作。雖然對臟器的概念和西方的不完全符合，但是仍然能夠形成一個自圓其說的體系，而且能成功實踐。用這個體系，古人能夠對各種經絡現象進行解釋，並且對針灸的臨床實踐進行總結，我們以後再談這個問題。

但在同時，這個理論也帶來了一些負面的後果。

首先，由於在早期形成的臟腑概念與後來解剖學上的臟腑概念有明顯差別，而且這些早期的臟腑概念已經融入到臟腑理論中，這就使得中國的經絡工作者無法用解剖學和生理學的方法進一步研究臟器，因為與中國傳統臟腑功能完全對應的實體器官並不存在，這種研究得出的結果會與中國的臟腑概念衝突。因此，對臟腑功能及相互聯繫的研究，只能在原來的理論框架裡進行。比如用「補腎」來強化生殖功能，用「清肝」來改善眼睛狀況，用「治肺」來改善皮膚狀況等等。這就使經絡工作者中的許多人，只能固守於延續了幾千年的臟腑概念。

其次，它處理的是人作為一個整體時，不同部分之間的聯繫；若將人體分解為各個部分，這些聯繫也就不存在了。這就使得中國經絡工作者的注意力始終集中於人的全身。在西方醫學已經進展到細胞尺度的情況下，中國許多經絡工作者對人身體的認識還一直停留在整體水準上。

再次，是身體各個部分之間的聯繫和影響極為複雜，難以研究。現象比較容易，機制很難確定。由於這些原因，在蓬勃發展的西方醫

學面前，經絡理論已經顯得落後，處於明顯的弱勢，也容易遭受批評、質疑甚至否定。

但是不要忘記，經絡現象和經絡理論是兩回事。理論可以討論，但作為經絡理論基礎的經絡現象卻是客觀存在，在經絡理論受到質疑的今天，我們更有必要看看用現代科學知識和技術來研究經絡現象的成果。

用現代科學實驗重新驗證針灸療效

針灸療法能在中國實行幾千年，並且能傳播到國外，當然首先是因為針灸療法在實踐中所得到的、可重複的治療效果。如果針灸穴位除了引起所刺部位的感覺外，沒有其他效果，或者效果是隨機的，不可重複，經絡理論和針灸治療的實踐就不會生存並發展到目前的程度。

但是這樣的療法是從歷史中，由針灸醫師的個人經驗彙集而成。由於在古代針灸醫師多是個人行醫，又沒有全國性和地區性的學術組織或學術刊物交流討論行醫的經驗和結果，更多的是靠個人之間的交流和不定期的著作來總結，所以這些結果雖然有一定的統計意義（多人、長期），但也受著書者個人觀點和能力的局限。這些書中總結出來的規律更多的是共識和經驗，而不是嚴格的統計分析的結果。而且在過去中國的歷史條件下，也不可能做這樣的統計分析。在西方嚴格的實驗方法面前，這樣的共識很容易受到置疑和否定：在身上扎根針就能降低血壓？ 有什麼科學根據？ 拿出數據來！ 所以針灸治療的效果，需要用現代的科學技術重新驗證。

　　同時，西方國家對於針灸療法的興趣和應用也在快速增加。一是由於西藥的不良反應，人們希望有一種不吃藥的治療方法；二是由於西方高科技帶來的高治療費用，人們希望有比較便宜而又有效的治療方法；三是人們對一些西方的治療方法感到失望，轉而尋求其他的治療手段。針灸作為一種低成本，又不需要服藥的治療手段，再有比較長的在西方國家成功使用的歷史，自然會受到西方人的青睞。

　　到現在，開展針灸治療的國家和地區已達 140 多個，世界針灸學會聯合會在 46 個國家擁有 7 萬多名會員，針灸教育正在進入各國正規大學。1997 年，美國國立衛生研究院（National Institute of Health，NIH）召開了一個有 1200 人參加的關於針灸的學術會議，由 12 名來自不同領域的專家組成的專家小組主持，包括針灸、痛覺、心理學、精神病學、理療、毒品濫用、普通醫療全科、衛生政策、流行病學、統計學、生理學和生物物理方面的專家。在會上，有 25 名這些領域的專家在會上做了報告，最後發表了一個共識聲明（Consensus Development Conference Statement）。

　　這個共識聲明認為，針灸作為一種治療方法已經在美國廣泛使用。儘管對針灸的研究還有許多模糊和不確定處，但針灸作為一種治療手段已經出現了一些有希望和前途的結果。比如對手術後疼痛，化學治療（簡稱化療）引起的噁心、嘔吐及牙科手術後的疼痛都有緩解效果。對藥物上癮，卒中後恢復、頭痛、痛經、網球肘、纖維肌痛症候群（fibromyalgia syndrome）、肌筋膜痛症候群（myofascial pain syndrome）、骨關節炎、背痛和哮喘等也有效。這是西方對針灸療效的正式承認，也間接承認了經絡現象客觀存在的事實。

　　在中西方共同需求的推動下，在過去的十幾年中，對於經絡現象的研究進入了一個新的階段。利用現代科學知識和技術，科學家們用嚴格的隨機雙盲研究的實驗方法（randomized，double-blind，placebo-controlled experiment），對經絡現象和針灸療法進行了新一輪的探討。除中國的科學家外，德國和美國等西方國家的科學家也做了大量的工作。雖然還只是初步的，這些研究結果也已經證實了經絡現象的存在和針灸療法的功效。

　　下面是一些實際例子。

　　（1）針灸對心血管系統的作用

　　德國 Sklinikum 大學 Frank A.Flachskampf 的實驗室研究了針灸對血壓的影響。他們怕做不好針灸，特地從南京中醫學院邀請了7位受過專業訓練的中國針灸師來進行實驗。這些中國針灸師都不會講德語，一切透過德方翻譯，而且這些針灸師的任務都封在信封裡，實驗開始前才給他們。因此無論是針灸師或患者事前都不知道針灸的內容，這樣得到的結果表明，在足三里等穴位進行的「真」（verum）針灸比對照組的「假」（sham）針灸（不相關的穴位）在降低血壓上的作用強得多（P<0.01）。

　　美國加州大學爾灣分校（University of California Irvine）的 Li 和 Longhurst 報告說，針灸內關穴和足三里穴可以在 70% 左右的輕度和中度高血壓患者身上降低血壓。降壓效果出現緩慢但是持久，主要透過抑制交感神經的活性。

　　美國明尼蘇達大學的 van Wormer 等總結了八個用針灸治療心律不整的實驗報告，發現針灸能使 87% 以上的心律不整患者心率改善。

（2） 針灸對消化系統的作用

有急腹症的嬰兒會啼哭不止。瑞典和丹麥的科學家發現，用細小的針紮入嬰兒的合谷穴 2 毫米深，能明顯減少他們啼哭的時間和強度。

化療會造成嚴重的胃腸道反應，噁心和嘔吐是最常見的消化道症狀。醫生一般用抗嘔吐藥來緩解症狀。而針灸能顯著減輕噁心和嘔吐。德國 Saarland 大學的兒童血液和癌症學系用針灸來治療患實體惡性腫瘤，接受化療的兒童。結果表明，針灸組嘔吐的次數明顯低於對照組（P<0.01），對抗嘔吐藥物的需要量也明顯減少（P<0.01）。

透過管灌飲食的危重患者常常會營養不良，因為他們的胃蠕動緩慢，餵進的食物常常停留在胃裡，不能被排出。德國 Regensburg 大學附屬醫院的醫生把管灌後兩天胃還不能排空的患者（胃殘留量多於 500 毫升）分成兩組，一組給予促進胃蠕動的藥，一組針灸內關穴。五天以後，接受針灸的患者有 80% 都能夠再進食（胃殘留量少於 200 毫升），而使用藥物的只有 60% 能再進食。即使是在針灸的第一天，患者胃排空的程度也高於藥物組。

湖南中醫藥大學針灸研究所的 Lin Yaping 等報告說，電針足陽明胃經的四白穴（面部）、天樞穴（腹部）和足三里穴（膝下）都能夠增加胃的蠕動和胃黏膜血流量，並且提高胃動素（motilin）的含量。由於這 3 個穴位位於身體上非常不同的位置，這些穴位類似的作用表明，與胃對應的經脈上的穴位，的確都對胃的功能有調節作用。

（3） 針灸對呼吸系統的作用

哮喘是一個世界性的疾病，影響大約三億人。韓國的科學家搜尋了八個電子資料庫和六種有關雜誌，綜合分析了符合高品質標準的文

獻中的數據，發現藥針（pharmacopuncture，即在穴位注入中藥提取液）對治療氣喘有效。

鼻甲肥大和慢性鼻竇炎常會造成鼻塞。德國海德堡大學耳鼻喉學系的 Sertel 等試用針灸來治療，發現針灸能顯著改善鼻塞狀況，而且時間越長，效果越顯著。

針灸也可以治療過敏性鼻炎。德國 Charite 大學社會醫學研究所（Institute of Social Medicine）徵集了 5327 名患者，分為針灸組和對照組（無任何處理）。三個月後，針灸組比起對照組來症狀有明顯的改善。而且效果穩定。

（4）針灸的鎮痛作用

針灸的鎮痛作用早已為人所知，也是西方國家測試和使用得最多。

腰背痛：德國的針灸試驗計劃（German Acupuncture Trial，GERAC）對此進行了大規模的測試，發現針灸（無論是在傳統穴位上還是在非穴位上）都能顯著地減輕腰背痛。其療效是常規療法（鎮痛藥、理療和運動）的兩倍。

痛經：德國 Charite 大學的 Witt 等報導說，針灸能顯著減輕痛經，改善生品質。

當然，不是所有的針灸試驗都有效（比如戒菸、戒酒、憂鬱症），報導有效的也不一定可靠。針灸治療是不容易掌握的技術，給患者的心理暗示作用也很強。現在使用的針灸技術，除了中國傳統的方法以外，還使用電針（在刺入的針上加上各式各樣強度和波形的電流）和用雷射甚至微波代替針灸。用作對照的，或者是假刺（按在穴位上，但不真的刺入），或者是真刺在非相關穴位（真穴位，但與疾

病無關）上，或扎在非穴位上，或完全不做處理。這樣就使「真」針灸和「假」針灸的區別難以弄清，實驗結果也常互相不一致。這就需要一個客觀而又嚴格的評定方法。

西方有個說法，叫做「非同尋常的結論，需要非同尋常的證據」（extraordinary conclusion requires extraordinary evidence）。對於經絡現象和針灸效應，也應該按照最嚴格的標準來審查實驗結果，因為這是關係到經絡現象是否能被現代科學所證實的大問題。這個最高標準就是 Cochrane review，翻譯成考科藍文獻回顧。

Cochrane 文獻回顧機構，是按照已故英國流行病學家 Archie Cochrane（1909—1988）生前的倡議，於 1993 年在英國成立的非盈利性國際評價網，目前在一百多個國家（包括中國）有超過一萬名協作員。它收集醫學文獻中，全部有關某個題目的隨機對照實驗（randomized，placebo-controlled trial，RCT）的研究報告，按照該組織制定的評審標準，剔除那些不符合標準的文獻，根據對標準符合的程度把文獻分為不同等級，再將它們組合在一起進行統合分析（Meta-analysis）。因此 Cochrane 的評定最具權威性，是一種療法是否有效的最高標準。

它的主要目的，是為臨床醫生和衛生決策機構提供依據。如果它說「有效」，那就是他們認為沒什麼問題，可以在臨床上使用了。所以它對治療方法的判斷時間點是「完成時」，意思是成品可以交付了。但對於科學研究來說，這種方法並不完全合適，因為科學研究常常處於「進行時」，在研究的初期，必然會有因為實驗方法技術不成熟，導致的假陰性或假陽性，以致研究結果彼此矛盾；已經顯示正面作用的實驗，也可能因為在有些地方還未能達到 Cochrane 機構的

高標準而不被採用；證明「有效」的高品質報導也常被淹沒在品質較低的報導中，使其意義被低估。對有些項目的研究，第一次評估被認為證據不足，第二次由於有了更多的數據，就變為有效了。所以如果按照第一次的評估，就會得出負面的結論。

儘管如此，用 Cochrane 評定的標準來審視對於經絡現象的研究結果也是有好處的，因為這種評估更容易否定真成果，而不容易放過假結果。人們對於經過這樣審視的實驗結果更具有信心，同時，它也使以後的研究更加嚴格，品質更高。

下面我們把 Cochrane 機構對針灸治療的研究評價分成兩部分。第一部分是被認為「有效」的，那就是被最高標準所認可的結果；第二部分是被 Cochrane 評估認為是「初步顯示有效，值得和需要進一步研究」的，就是已經獲得初步證明，有可能是有效的結果。如果 Cochrane 機構對同一類試驗有多次評估，以最新的評估為準。

被認為是「有效」的針灸治療有：

原發性頭痛（primary headache），

緊張型頭痛（tension-type headache），

偏頭痛（migraine），

慢性頭痛（chronic headache），

牙痛（acute dental pain），

手術後疼痛（postoperational pain），

頸痛（neck pain），

肘外側痛（lateral epicondyle pain），

顏面神經麻痺（facial paralysis），

多囊卵巢綜合症（polycystic ovarian syndrome），

噁心和嘔吐（nausea and vomit），

外周關節的骨關節炎（peripheral joint osteoarthritis）。

被認為是「初步有效」的有：

經前期症候群（premenstrual syndrome），

原發性痛經（primary dysmenorrhea），

增加人工授精的懷孕率和分娩率（in vitro fertilization），

孕期症狀（pregnancy complains），

臀位不正（breech presentation），

引產（induction of labor），

哺乳期間乳房腫脹（breast engorgement during lactation），

失眠（insomnia），

便祕（constipation），

單純性肥胖（simple obesity），

原發性高血壓（essential hypertension），

乾眼症（dry eye），

過敏性鼻炎（allergic rhinitis），

痤瘡（即「青春痘」，acne）。

頭頸癌患者經放射治療後的口腔乾燥

（irradiation-induced　xerostomia），

小兒腦性麻痺（cerebral palsy in children），

顳頜關節疾病（temporomandibular disorders），

誘導麻醉（induction of anesthesia）。

這些結果說明，針灸治療的效果確實存在，經得起最嚴格的現代科學實驗的檢驗。古人在幾千年前，在沒有任何先進的科學儀器的情況下發現了這一現象，並且有意識地利用這種現象來治療疾病，探尋

人體的奧祕，是令人驚異的。

特別值得一提的，是耳朵和內臟的關係，這是體表和內臟彼此相關的一個突出例子。在西醫眼中，耳朵不過是收集聲波的器官，除了皮膚和裡面的軟骨，好像就沒有什麼特別的東西，應該和內臟沒有關係。但是臨床觀察表明，許多器官的病變都能在耳朵上反映，引起皮膚敏感甚至疼痛，比如：

咽炎（pharyngitis），

復發性口瘡性口腔炎（Aphthous oral ulcer），

牙周膿腫（periodontal abscess），

扁桃腺炎（tonsillitis），

食道瘤（esophagus tumor），

胃酸逆流（gastroesophageal reflex disease），

頸動脈痛（carotidynia），

甲狀腺炎（thyroiditis），

心絞痛（angina pectoris），

心肌梗塞（myocardial infarction），

肺癌（lung cancer），

焦慮症（anxiety）等

（見 Ely JW，Hansen MR，Clark E C.Diagnosis of ear pain. Am Fam Physician，2008，77（5）：621-628）。

反過來，針灸耳朵上的穴位也能治療許多疾病。經 Cochrane review 初步顯示為有效的就有：

神經血管性頭痛（neurovascular headache），

術後疼痛（postoperative pain，比常規針灸效果更好），

癌症疼痛（cancer pain），

術前焦慮（perioperative anxiety），

注意力不足過動症

（attention deficit hyperactivity disorder）。

被隨機雙盲研究表明有效的還有：

痛經（dysmenorrhea），

類風濕關節炎（rheumatoid arthritis），

膽囊切除後的噁心（vomiting after cholecystectomy），

改善前列腺炎患者的排尿

（urinary tract symptoms in chronic prostatitis），

尋常痤瘡（acne vulgaris），

腰背疼（lowback pain），

增加嗅覺靈敏度（increase olfactory acuity）等等。

　　所有以上的結果也都有力地表明，經絡現象，即身體各個部分之間跨生理系統的橫向聯繫，也是客觀存在的。內臟的疾病能反映在體表（包括耳朵），而針灸體表的位點，包括耳朵上的位點，也能緩解多種疼痛，減輕婦女在經期和懷孕、生產前後的各種症狀以及多種其他疾病。這些現象用西醫的觀點是很難解釋，這也說明西方醫學對於人體結構和功能的認識還有很大的空間，而要補上這個空間，就要挖掘古人發現的經絡現象（總結在中國的經絡理論中）這個寶庫。

　　同時，人們也在對解釋經絡現象的經絡理論再思考和再研究，特別是對經絡理論的核心——經絡系統的研究，這將是下一節的內容。

11.2 近年來對於經絡現象的研究

在上一節中，我們已經用大量事實表明，針灸的確可以治療許多病症，這不僅為中國過去幾千年的臨床實踐所支持，而且也被現代嚴格的科學實驗所證實。刺激體表的位點可以調節內臟的功能和治療內臟的疾病，內臟的病變也能在體表引起相應的變化，說明二者之間存在著相互聯繫和相互影響的關係。這種關係跨越西方醫學概念中經典的功能系統（如循環系統、呼吸系統、消化系統等），是難以用西方醫學的理論來解釋的，也是西方醫學中的一大盲點。在功能系統概念顯示出它的局限性的今天，研究這種跨系統的聯繫就具有很大的理論和臨床意義。

既然針灸的理論是經絡學說，即是經絡把身體的各個部分聯繫在一起，那人們必然想知道經絡的實質到底是什麼。在古代，經絡被認為是氣血運行的通道；但到了生物學和醫學空前發達的今天，人們自然不會滿足於這個抽象的概念了，而是想知道經絡的結構是什麼，是什麼物質在裡面運行。

近年來報導的其他經絡現象

對經絡現象進行研究的思路，基本上可以分為兩大類。一種是從經絡理論出發，用各種方式去尋找沿著經脈路線的物質結構；另一種研究的也是體表和內臟的關係，但不是從經絡的概念出發，而是用同時與體表和內臟相連的神經系統的活動來解釋。

對於已經接受傳統經絡理論的人，第一種思路是直接而自然的。既然經脈是具有類似功能的穴位的連線，是聯絡體表和內臟的管道，又是循經感傳的路線，那必然會有某種物質的結構存在於這些路線上。

首先要考慮的自然是經絡系統與神經系統的關係，或與循環系統（血管和淋巴管）的關係。因為後面的兩個系統都和全身所有的部分相連，因而有可能擔負起身體各個部分的任務。但是用解剖學的方法卻找不到與經脈路線一致的神經纖維和血管、淋巴管，而且經絡現象也和神經系統、循環系統的工作方式有明顯區別。

比如神經纖維傳遞信號的速度很快，可以從每秒鐘幾公尺到上百公尺，而循經感傳的速度只有每秒幾公分到十幾公分。神經纖維接受和傳遞刺激信號是瞬時的，針灸的效應一般並不立即出現，而是需要比較長時間的穴位刺激，包括「行針」（把針留在刺入處一段時間，其間還可以對針進行撚轉）。神經纖維傳導信號通常是單向，不是從周邊傳向中樞，就是從中樞傳向周邊，而循經感傳可以是雙向的，體表和內臟之間的互相影響也是雙向的。各種神經纖維傳遞信號的速度雖然不同，但是每一種神經纖維的傳遞速度是基本恆定的。而循經感傳不僅速度相差很大，還可以停滯和回流。這些現象使人相信，經絡

不是神經。

血液和淋巴的流動是單向的，而且血液或淋巴從身體的一部分流向另一部分，比如從手上的合谷穴流向牙痛的部位，先要經過心臟，在那裡與身體其他部位來的血液混合，再輸送到全身，這就難以解釋穴位和內臟之間的對應關係。

如果經絡既不是神經，又不是血管淋巴管，那就有可能存在著獨立於這兩個系統之外的第三套網路系統。如果經絡的物質結構能被發現並加以證實，那也有利於闡明循環於經絡系統內的「氣血」的意義和實質，有可能引起生物學概念上的革命。這就是許多經絡現象研究者的思路。

在這種指導思想的驅動下，尋找經絡物質基礎的努力一直沒有停止過，也發現了一些支持經絡結構存在的證據。除了前面說過的循經感傳現象和牽涉性皮膚敏感和壓痛點以外，還有以下報導：

（1）循經性皮膚病。這是沿經脈路線分布的帶狀皮膚病，包括皮膚萎縮、貧血痣、色素沉著、紅斑、扁平苔蘚、神經性皮炎等。和循經感傳一樣，它也被認為是經絡結構存在的證據之一，被稱為「可見的經絡現象」。它可以是先天的，也可以是後天的。皮膚病變路線以腎經為最多，其他還有大腸經、小腸經、肺經、肝經和心包經等。到目前為止，中國報導的各種循經性皮膚病有一百多例，日本和匈牙利也有報導。

與此類似的是循經性反應，即針灸穴位時可以沿經脈線出現紅線、白線、紅疹、皮下出血、皮膚過敏和發汗帶等，而且可以保持數小時之久。

（2）　循經性疼痛和循經性感覺異常。這是沿著經脈路線的鈍痛或壓痛。互為表裡的經脈可以同時出現這種現象，同一名稱的經脈可以雙側出現。

（3）　穴位的低阻、良導現象。最早發現這個現象的是日本的中谷義雄。他發現腎病患者身體上有一些導電性高的點。這些點的連線，正好與中國經脈圖譜中腎經的路線一致，他把這個路線稱之為「良導絡」，這個結果後來為中外許多實驗室的測定所證實。針炙入後撚針時，穴位的導電性會增加；艾灸也能使穴位處的導電性增加；當身體患病時，有關經脈的穴位的電阻變小，導電性增強。用間隔一公分的點陣覆蓋全身皮膚，把測到的低阻點連成低阻線，結果在上、下肢都可以測到 6 條低阻線，其路線與傳統的經脈線路相似，日本科學家則發現人體表面有 26 條「良導絡」。

（4）　沿經脈的溫度升高。中外的研究都發現，人的體表存在與經脈循行路線基本一致的紅外輻射線。比如在身體正中並無大中血管縱向分布，但卻各有一條高溫線，好像分別是任脈和督脈的熱像顯示。針炙穴位可在體表出現與循經感傳路線基本一致的高溫帶，溫度可比周圍區域高 1°C 以上。高溫帶的強弱與針感的強弱有明顯關係。針感強者，高溫帶也明顯。臟腑病變時也會在對應的經脈上出現高溫帶。比如肺部有病者，患側肺經的循經紅外輻射軌跡比對側顯著和完整，其在胸腹部的穴位的溫度和高溫點的面積也高於和大於對側，人體穴位紅外輻射的峰值約在 2.5 微米、7.5 微米和 15 微米。

（5）高發光現象。用光電倍增管探測到在一些穴位處有微弱的可見光，波長為 380 ～ 420 奈米。針炙「得氣」可以增加發光強度，有循經感傳者穴位發光強度的上升更為明顯。

（6） 高導聲現象。輸入穴位的低頻聲波可以沿經傳播。當叩擊經脈上的穴位時，在同經的另一穴位可以聽到比周圍位置更強的聲音且音質不同。動物實驗顯示，切斷皮膚和皮下淺筋膜對聲音的傳導無明顯影響，而切斷深層筋膜組織則循經傳聲消失。

（7） 同位素循經流動現象。這是法國科學家首先使用的方法，在經穴處注入放射性同位素，再用儀器探查其運動情形，可以觀察到同位素沿一些路線流動的現象，而這些路線與經脈的路線相類似。比如將鎝 -99m（^{99}mTc）注入人體的腕踝部穴位皮下，以大視野的 γ 閃爍照相機記錄，注入的同位素即以每秒 17 公分左右的速度循經移行，在四肢示蹤軌跡與古典經脈路線的符合率約 78%。在穴位注入磷 -32，以 X 線片放射自顯影，結果有 86% 的受試者出現了寬 3 ～ 5 毫米的示蹤影像，走向與所屬經脈的路線大致相符。

（8） 高鈣離子濃度。在穴位處，細胞外鈣離子的濃度遠較周圍組織為高。當針炙入穴位時，會在穴位周圍產生大量的鈣離子，並且可以使同一經脈上其他穴位的鈣離子濃度增高。用乙二胺四乙酸鈉（EDTA）絡合穴位處的鈣離子後，針炙的效果消失，說明鈣離子的存在對於經絡的作用是必須的。當某個器官有病時，與其對應的經脈線上的穴位處的鈣離子濃度降低，而且降低的幅度與臟腑病變程度正相關。在病況好轉後，鈣離子的濃度又逐漸恢復。鉀離子濃度也有類似現象。

（9） 高代謝活動。針炙穴位後還能在經脈線上引起皮膚二氧化碳釋放量的增加，和氧分壓的下降，說明針炙效應還包括循經代謝活動的增加。

這些結果說明，穴位所在位置的物理化學性質的確與周圍組織有

區別。這些循經現象更加使這些研究者們相信，經脈路線上必然會有某種物質結構存在。

然而，數十年來尋找經絡物質結構的努力都沒有成功。1997 年由衛生部前部長崔月犁（1920—1998）主編的《中醫沉思錄》中就說：「長期以來，一些學者一直寄希望於在神經血管之外，能找到經絡獨特的形態學基礎，結果一無所獲。」唯一在國際上宣布找到神經血管以外的管狀系統，是朝鮮的金鳳漢（Bonghan Kim）和韓國的蘇光燮（Kuang-Sup Soh）。

1963 年，平壤醫科大學的金鳳漢在《朝鮮醫學科學院雜誌》（Journal of the DPRK Academy of Medical Sciences）上發表的題為〈On the Kyungrak System〉的論文，宣稱找到了經絡，並將其發現的結構稱為鳳漢小體（Bonghan corpuscle）和鳳漢小管（Bonghan duct）。這個結果一度使人覺得經絡的結構真的被找到了。但是這個結果並沒有被別國的科學家，包括中國的科學家所證實。

事隔 40 多年之後，韓國首爾國立大學的蘇光燮宣布他「重新發現」（rediscover）了鳳漢小體和鳳漢小管。據他的解釋，當年其他實驗室不能重複出金鳳漢的結果，是因為金鳳漢所用的染色方法沒有公開（Until recently，Bonghan Kim's discovery could not be reproduced，mainly because the formula of the staining dye，which was essential for identifying the Bonghan ducts，was kept secret.）。而用他的染色法，他的實驗室可以在兔子肝臟表面看見細管束。細管直徑約 20 微米，由單層上皮組織組成，其細胞核呈桿狀。數根管道並列，外面被膜所包圍。管內有直徑約 1 微

米，含有 DNA 的微細胞（microcell）在運行。在細管分支交匯處有膨大的小體。這樣的細管也可以在皮下、腦脊液以及血管和淋巴管內用不同的染色方法被發現。這些細管是鬆散地分布於內臟表面（threadlike tissues do not adhere to the surfaces or capsules of internal organs and freely move），或「漂浮」在腦脊液中（running afloat in the cerebrospinal fluid），或大口徑的淋巴管中（floating inside large caliber lymphatic vessels）。

在檢測兔子肝臟表面的網狀結構時，他用的是染 DNA 的福爾根染色法（Feulgen stain）。這個染色法要對組織用甲醛固定一天，用高濃度鹽酸（5mol/L）水解，用席夫試劑（Schiff reagent，與醛基反應）處理，再用乙醇脫水。這些步驟會造成組織結構的劇烈變化。他在觀測皮下的管狀結構時，用的是台盼藍染色法（Trypan blue stain）。而台盼藍是在實驗室中專門用來染已經死亡的細胞和組織的，因為活細胞的細胞膜能抵抗這種染料的滲透。在過去的十來年中，只有蘇光燮一家實驗室在報導這些結果。這些細管與經絡的關係還沒有建立，也沒有功能性的研究。在他最新發表的文章中，他也說「需要進一步研究這些被台盼藍染色的結構，以證明它們就是針灸中的經脈」（Further study is needed to investigate the network of the Trypan blue-stained structures in order to establish them as acupuncture meridians）。所以要說這些結構就是經絡，還為時過早。

儘管如此，許多人還是相信在傳統的經脈路線上有某種物質結構存在，並且提出了各式各樣的假說。

令人眼花撩亂的各種經絡假說

在過去的幾十年中，人們提出的關於經脈結構的構想不下幾十種。它們的共同點都是要為經脈路線提供物質基礎。下面是一些有代表性的假說。

（1） 認為經絡是由皮下和骨骼表面的筋膜系統所組成。證據是許多穴位的位置都在這些筋膜上或附近。穴位處的高鈣離子濃度也存在於筋膜與穴位對應的區域內。這些筋膜中的膠原纖維定向排列，在徑向對 9 ～ 20 微米的遠紅外線有近 100% 的透光率，而橫向方面幾乎完全不透光，因而認為這些膠原纖維具有光纖的特性，是人體內的「訊息高速公路」；此外，撚動針時在穴位部分阻力較大，在得氣後，拔針的阻力比周圍組織為大。最近用電子顯微鏡觀察發現，撚針得氣時，有結締組織纏繞於針上，似可說明結締組織的纖維與針灸效果密切相關。

（2） 認為是肌電傳遞的結果。四肢的橫紋肌大致以縱向排列，經絡走向也是如此。而凡是肌纖維交錯排列的地方，如面、頰、肩、臀、胸、腹，經絡走向也呈曲折迴繞現象。而且骨骼肌也具有興奮性，這些興奮區域可以定向傳遞。

（3） 認為經絡是由蛋白質組成的蛋白鏈。在這個總體構想下，細節又有不同。

比如認為一些蛋白質可以存在於不同的組織細胞中。由於它們有相同或相近的分子結構，可以在同類蛋白質訊息的誘導下跨越組織細胞產生共振。

也有人認為經絡的實質就是經絡蛋白質分子的偶聯帶。經絡蛋白

質連同具有液晶性質的細胞膜一起，在一定條件下可以相互偶聯，依次變構，有序排列，和諧共振，共同組成具有訊息，能量傳遞與轉換機制的能帶結構。

還有人認為，存在於組織間隙及間液中的蛋白質是經絡的物質基礎。蛋白質具有壓電效應，而穴位是電傳感器位於體表的感受器。經絡的機制就是外界刺激穴位時，細胞間隙中的蛋白質產生壓電傳感效應，使外界訊息以生物電的形式沿細胞間隙定向傳遞至內臟器官。

再有一種說法是，經絡是由蛋白質鏈構成的通道，是與體液和神經傳導物質聯繫的複合系統。其訊息載體是「孤子」，即在規則蛋白鏈中局部激發下產生的能量波。它可以傳遞生物化學能量，產生相應的生物效應。

此外，還有認為經絡的主要物質是「處於臨界濃度附近的溶液晶體玻尿酸」；認為經絡是「由具有一定導電性的，極細微的液體『管道』所構成」；認為經絡可能是「心肌電位透過血液傳導而形成的電磁場向量軌跡」；認為經絡是「特異分布的氧調節通道，氧在其中的傳遞可能與蛋白的構像有關」；認為經絡通路的結構是「由細胞間並置膜結構連接而成的低阻通路」；認為「小分子擴散通道在肌體表層和內部臟器的線形集中分布，或功能強化便形成了經脈和絡脈」，還有自由基說，以及「高離子濃度低價黏性的脈管外流體通路」假說等等。

還有人提出經絡本質的量子觀、控制論、訊息論、耗散結構論、生物全息論等等。

近年來，還出現了一些綜合性的假說，比如「低阻抗、高振動聲、多層次、多形態、多功能立體結構」假說；還有人建立人體生物力學模型，由三維經絡科學模型再加上時間因素（子午流注），成為

四維經絡科學循行模型；最複雜的一種假說認為，經絡由七種網路所組成，包括血管網路、神經網路、淋巴網路、內分泌網路、膠原纖維網路、凝膠網路和組織液流動的網路。

在尋找經絡實質結構所遭遇的挫折面前，也有人提出經絡是無形的思想，所以用解剖學的方法根本找不到。比如認為「經絡是生物體的一個特殊的自組織系統，它無固定形態，寓於生命體的間隙維中」。可以說，為了解釋經脈的物質基礎，什麼可能的機制都想到了。

但是所有這些假說都應該說明，傳輸的物質是什麼，或傳輸的信號是什麼？它們如何形成？為何只按一定的路線傳遞？為何有滯後期？為何能雙向傳遞？訊息如何被細胞接收？細胞如何轉換信號？神經系統如何感受到？這是我們能主觀上感覺到的過程等等。到目前為止，上述假說中沒有一種能夠解釋所有的經絡現象（比如在這部分結尾時所列舉的那些現象），也沒有得到廣泛的承認和接受。

按照傳統的經絡理論，經絡系統是氣血運行的通道，而且氣血是按一定的順序，沿著十二經脈週而復始地循環。經絡通暢是維持身體健康的必要條件，經絡不通則會引起疾病，「不通則痛」。《黃帝內經·靈樞·經脈》中就說：「經脈者，所以能決生死，處百病，調虛實，不可不通。」在子午流注中，互為表裡的陰經和陽經是在手腳末端彼此相連的：肺經和大腸經在食指端相連；胃經和脾經在足大趾端相連；心經和小腸經在手的小指端相連；膀胱經和腎經在足小趾端相連；心包經和三焦經在手的無名指端相連；膽經和肝經在足大趾相連。這些地方的傷害和切除在理論上都能中斷經脈的通路，使得氣血循環受阻。但切除這些指（趾）頭並沒有引起這樣的後果。

醫生進行胸腔和腹腔的大手術，有時會有橫貫軀幹前面的切口，按理說有可能切斷經過這些區域的任脈，胃經、脾經、腎經、膽經和肝經，造成氣血從切斷的經絡斷口泄漏外流，給對應的臟器帶來不利的後果，但這樣的情形並不出現。在創傷外科中，有器官受傷、血管受傷、神經受傷，但從來沒有經絡受傷及其後果的報導。

最能說明經絡系統並不存在於經脈路線所在位置的事實，就是幻肢感傳。在截肢患者身上，針灸斷肢殘端上的穴位仍然可以引起感傳，並且能通達已經不存在的肢體的末端，一些腦部疾病的患者也可以在沒有外部刺激的情況下產生循經感傳現象。另一個是意念的誘導，一些練氣功者能用意念，使循經感傳的現象發生；中國的研究還發現，循經感傳經過口部時，張開雙唇並不能阻止感覺沿著人體正中線，即任脈和督脈的進行。感覺沿著其他經脈傳遞時，也可以越過裂開的傷口。這些現象都說明循經感傳並不需要沿著經脈線、具體的物質結構，我們感覺到的經脈路線，有可能是存在於別處。

因此，在神經系統和循環系統之外獨立存在的形態學上的經絡系統一直未能證實。從 1950 年代開始的，對於經絡現象所進行的有組織的大規模研究，至今已經有六十多年的時間。在此期間，對於生命現象的研究已經有翻天覆地的變化。新的研究方法和手段也遠非當年的情況可以相比，人們不但可以「看見」分子，甚至可以用原子力顯微鏡（atomic force microscope）探測到單個原子。

然而，尋找經絡結構的努力仍然沒有實質性的進展。令人眼花撩亂的眾多假說的出現，正好說明人們在缺乏經絡結構的狀況下難以找到方向。就像有人指出的：「太多的答案等於沒有答案。」這種情況說明，沿著傳統經絡理論裡的經脈路線尋找經脈結構的思路可能有問

題。

經絡現象的神經學解釋——海德和石川父子的思路

　　在經脈路線上尋找形態學結構的努力，是經絡思想指導下的自然結果；但是對於沒有經絡概念的人，對同樣現象的理解就完全不同。海德在十九世紀末發現的與內臟疾病對應的皮膚敏感帶和壓痛點，雖然是典型的經絡現象（見 11.1 節），但是海德是一位西方的神經學家，沒有來過中國，多半不知道經絡理論。那他又該如何來解釋他觀察到的經絡現象呢？

　　海德是一名神經學醫生，知道帶狀疱疹（herpes zoster）中的皮膚痛，是由被疱疹病毒感染的神經纖維所引起。他由此得到啟發：會不會是病變的內臟傳入的信號，影響了皮膚的感覺信號？於是他用解剖學的方法，檢查了內臟和與其對應的皮膚區域的神經聯繫，發現與二者聯繫的神經纖維在脊髓交匯。在此發現的基礎上，他認為，內臟的病變會增強神經傳入脊髓的信號，而這些增強的信號能夠在脊髓背角的灰質內，放大與其交匯的與皮膚相連的神經纖維傳來的信號。大腦接收到的就是經過放大、或被擾亂的皮膚信號。如此，平時不會引起痛覺的刺激也會引起疼痛反應。這也許就是對經絡現象最早的神經學解釋。（Irradiation of abnormal afferent impulses produces a state of excessive irritability in the grey matter of the dorsal horn at the level which they enter it.As a result of this，impulses from the skin that pass through it are exaggerated or disordered so that a stimulus that would not usually provoke a painful reaction does so.）。現在的西醫對於經絡現象的理解（如各種「轉移痛」），也基本承襲海德的想法。

有趣的是，在海德發表他的看法後約半個世紀，他的假說卻由兩個東方人，日本的石川（Ishikawa）父子繼承和發展。石川父子是東方人，受的卻是西方醫學的教育。父親石川日出鶴丸（1878—1947）出生於醫生世家，1903 年畢業於東京的醫科大學，1908 年起留學德國三年，從師於 Verhorn，回國後第二年（1912 年）即任東京大學生理學教授。石川大刀雄（1908—1973）是石川日出鶴丸的長子，1931 年畢業於京都大學醫學部，畢業後師從同校的病理學教授清野。1943 年任金澤醫科大學（現金大醫學部）教授。

石川日出鶴丸雖然研究針灸，並為第二次世界大戰後被美國占領軍禁止的針灸療法奔走，但他的思路卻和海德相同。在他列舉的他之前研究經絡現象的科學家的名字時，就清楚地列出了海德的名字，說明他是在海德等工作的基礎上繼續研究。他延續了海德用解剖學的方法，知曉內臟和皮膚神經交匯的做法，全面建立了皮膚與神經聯繫的節段關係。除了人體，石川在青蛙和家兔身上也發現了類似的神經—皮膚聯繫的節段現象。

節段關係是身體各部神經聯繫的一個重要現象。皮膚和內臟與脊髓的聯繫不是混亂和隨機的，而是有明顯的節段性。人的脊髓分為 31 個節段，人的皮膚也從上到下，依次與這 31 個節段的神經聯繫，形成關係明確的皮膚條帶。內臟的神經聯繫也有節段特徵，即每個內臟和特定的神經節段聯繫，但情形比皮膚節段要複雜一些。在下一部分中，我們還會詳細敘述身體的節段性，它對於理解經絡現象具有重要意義。

海德觀察到了皮膚敏感帶和壓痛點，也就是體表對於內臟疾病的反應。石川以家兔為實驗動物，進一步研究了內臟和體表之間的關係。不僅如此，他還研究了體表和體表、內臟和內臟、內臟和肌肉之間的關係。體表反應也不再限於敏感度和痛覺，而且還包括分泌（汗腺、皮脂腺等），豎毛肌收縮。他把運動性反應和分泌性反應稱之為反射（在原文裡也寫作反射，以及英文 reflex），把感覺改變稱之為關聯（在原文裡寫成「連關」和英文 reference）。具體來說有：

（1）軀體-內臟關聯（somato-visceral reference）。當刺激不同皮膚部位時，可以引起相應內臟器官的過敏反應。（所以不僅內臟疾病可以引起對應的皮膚區域過敏，刺激皮膚也能使對應的內臟過敏。信號傳遞是雙向的。）

（2）內臟—軀體關聯（viscero-somatic reference）。刺激內臟時，可以引起相應的皮膚區段過敏。（這和海德觀察到的現象一致。）

（3）軀體—內臟反射（somato-visceral reflex）。刺激不同的皮膚部位可以使對應的器官的功能改變。（這正是針灸治療的依據。）

（4）內臟—運動反射（viscero-motor reflex）。刺激內臟可以使相應節段的骨骼肌緊張、收縮和強直。內臟的傳入信號很強時，也可以引起跨節段的骨骼肌反應。（這是肌肉也具有節段性的證明。）

（5）軀體—分泌腺反應（somato-secreto reflex）。刺激某些皮膚部位可以引起消化液分泌的改變。（這也是針灸治病的原理之一。）

（6）內臟—軀體營養反射（viscero-somatic trophic reflex）。

內臟的病變可以使相應體壁的組織萎縮。（這和循經性皮膚病的現象很類似。）

（7）內臟－軀體自主性神經反射（viscero-somatic autonomic reflex），包括使對應皮膚節段汗腺分泌改變，豎毛肌反射性收縮，末梢動脈口徑改變，皮脂腺分泌改變。（這也和循經性皮膚病類似。）

（8）內臟－內臟反射（viscero-visceral reflex）。從一個內臟的傳入信號可以使另一個內臟的功能發生變化。（這和中國臟腑理論中內臟之間相互影響的看法一致。）

（9）皮膚－肌肉反射（cutano-muscular reflex）。刺激皮膚能使對應的骨骼肌發生防禦性的收縮反應。（這大概是比較典型的神經反射。）

（10）皮膚－皮膚關聯（cutano-cutaneous reference）。刺激一個皮膚區域可以引起相鄰皮膚區域的感覺變化。（這也是有趣的經絡現象之一。）

石川大刀雄繼承父業，研究穴位的物理性質，並且發明了「皮電計」，對「內臟體壁反射」中的皮疹點和壓診點進行電學測定，定量地研究各種關聯和反射現象。

石川父子的工作，實際上是對經絡現象的一次全面的探索和總結，是對經絡現象研究的重要貢獻。但是他們對於這些經絡現象的解釋卻不是從經絡的概念出發，而是和海德一致，認為是與體表和內臟連接的神經之間在脊髓節段上的交匯反射所引起。不僅如此，他們還進一步延伸了海德的思想，認為經過視丘的反射也與軀體內臟反應有關，因而提出了向心性神經二重支配法則。

　　這些思想脫離經絡的概念，開啟了經絡研究的另一個思路，具有重要的理論意義。當然這些思想是比較簡單初步的，還缺乏細節，所以也難以解釋前面談到的各種循經現象和穴位的物理化學性質。

近年來對經絡現象的神經學研究

　　在亨利‧海德（以下簡稱海德）和石川父子的神經學解釋的影響下，大約從 1960 年代開始，中外都對經絡現象的神經學機制進行了廣泛的研究。在中國，除了尋找經脈的物質基礎外，也有科學家從神經學的角度來研究經絡現象，並且做了很多工作。在這裡我們只能做最簡單的介紹。

　　要用神經活動來解釋經絡現象，就要求所有的穴位處都有豐富的神經聯繫，不然對於穴位的刺激就無法被神經系統所感知。研究的結果也證明情形確實如此。

　　在 1970 年代，奧地利維也納大學的解剖學家 G.von Kellner 根據上萬張顯微切片發現，穴位處神經末梢的密度（每平方毫米 0.31 個受體）比其周圍組織（每平方毫米 0.16 個受體）高將近一倍。但是穴位處沒有確定的形態結構（There is no definite physical structure corresponding to acupuncture points.）。

　　中國的研究也表明，人體中的穴位與神經關係密切。據一項研究，324 個被檢查過的穴位中，有 323 個與神經有關。其中與淺層神經相關的 304 個，與深部神經有關的 155 個，與淺層和深層神經都有關係的 137 個。

　　所以「穴位處得有神經」這個條件可以說有滿足，而「穴位處都

有神經」的現象，又反過來支持神經系統在經絡現象中的作用。有些假說就經不住這類考驗，比如「肌電反應說」，就難以解釋為何耳針也有治療作用。耳廓上並沒有肌肉，但耳針卻有作用，而且效果有時比體針還好。

對神經系統的研究有多種方法，它們各有長處，結合起來就可以得到神經系統與經絡現象有關的活動的多種訊息。

（1）用麻痺神經和切斷神經的方法，檢測神經活動對於經絡現象的必要性

用麻醉劑（如普魯卡因和氯胺酮）阻滯神經纖維的傳導活動，針灸的效果就完全消失。切斷相關神經也會使針灸的生理效果減弱或消失。比如針灸心經上的穴位能對烏頭鹼誘發的家兔心率失常有明確的療效，但切除心交感神經後，針灸效應消失，說明針灸效應與交感神經有關；電針灸足三里穴能使大鼠的胃酸分泌下降，但切斷有關迷走神經後，電針就沒有明顯的作用，說明一些針灸效應與迷走神經有關；針灸對胃碳酸氫鹽分泌的影響，可以被抗膽鹼能藥物完全阻斷，說明針灸的效果是透過膽鹼能（cholinergic）神經來實現的；破壞家兔中腦導水管周圍灰質（periaqueductal gray，PAG，是傳遞溫度和疼痛感覺的上行路徑，和中樞神經對痛覺信號進行下行抑制的區域），可使針灸足三里穴對家兔胃電活動的抑制效應消失，說明針灸的有些作用也需要中樞神經系統的參與。如果經絡是獨立於神經系統以外的系統（比如是由筋膜組成的系統或由蛋白鏈形成的系統），切斷神經或麻醉神經應該不會影響經絡系統的工作。

（2）用神經纖維示蹤的方法，研究神經纖維的走向和交匯

在海德和石川的時代，對於神經纖維的走向只能靠手術刀，組織

切片和顯微鏡。在 1980 年代，人們發現神經纖維不但傳輸電脈衝，也活躍地傳輸各種物質。比如肽類神經傳導物質，就是由神經細胞的胞體合成，再輸送到軸突末端（叫做順向傳輸）；反過來，需要代謝的神經末端的物質以及透過胞飲（pinocytosis）等機制被神經細胞攝入的物質，也被逆向輸送到胞體（叫做逆向傳輸）。利用這種過程，在神經末梢附近加入各種示蹤劑，就可以逆向追蹤神經纖維的走向。

用於逆向追蹤的物質，包括辣根過氧化物酶（horseradish peroxidase），快藍（fast blue），核黃（nuclear yellow）等。它們可以用組織化學和螢光檢測等方法被觀察到。如果在內臟和對應的穴位處施加這些示蹤劑，就可以觀察它們的傳入神經纖維是否在脊髓匯聚。

用這個方法，研究者們發現胃與足三里穴，心臟與內關穴，肝臟與期門穴，膽囊與日月穴都在脊髓的若干神經節段交匯與重疊。用這種方法還可以追蹤出某條經脈上的穴位所對應的神經節段，以及與對應的內臟的傳入神經纖維之間的關係，發現它們的確有交匯。

（3）直接監測神經系統各個部分的電活動

比如在循經感傳過程中，感覺的到達，可以引起支配該部位皮膚的感覺神經纖維放電，說明感傳的過程的確涉及神經纖維的刺激；電針炙激內關穴，也可以在對側大腦皮質中的 乙字形回（sigmoid gyri）中的一個區域中誘發電位。這個區域就被稱為內關投射區。監測這個區域的電活動可以發現，刺激內關穴來的電信號能和來自內臟大神經的傳入信號相互作用，說明穴位與內臟的相互作用也發生於大腦皮質。

(4) 用功能性磁振造影技術（functional magnetic resonance imaging，fMRI）來監測腦中血流量的變化

這種技術的原理，是利用血紅素在帶氧和去氧狀態下磁性性質的改變，形成腦部血流變化的圖像。腦中某個部分的神經活動增加時，流過那個區域的血量就會增加，含氧血紅素比例上升。用這個方法，研究者可以監測針灸穴位時腦中不同區域被活化的狀況。

用這種方法進行的研究表明，穴位刺激可刺激腦中的許多區域。而且刺激區域與穴位之間有對應的關係。比如針灸右側內關穴可以刺激右側顳上次、顳中回、左側顳中回、雙側額上次、額下回、扣帶回和小腦方葉前部，其他腦區無明顯刺激。針灸神門穴可以刺激左側的額中回、顳上次、顳橫回，中央前、後回以及視丘和殼核。雖然用這個技術得到的圖像受許多因素的影響，但是也說明針灸穴位能在腦中引起多區域的複雜活動。

用這些研究方法得到的結果表明，針灸效果與神經系統的結構和活動之間，有非常密切的關係。神經系統的完整性不僅為針灸療效所必需，神經系統與經絡現象之間的關係也非常複雜，涉及多層次的作用。在這些研究結果的基礎上，中國學者也提出了經絡現象的神經學解釋。

曾任中國中醫研究院院長的季鐘樸（1913—2007），根據中國對於經絡與自主性神經系統（主要是交感和副交感神經系統，也稱植物性神經系統）的關係，於 1981 年提出，經絡的實質是體表內臟植物性聯繫系統（skin-visceral vegetative correlative system）。在這裡植物性是指自主性神經系統。

中國的另一位科學家汪桐（1930—2010，安徽省皖南醫學院）

於 1977 年提出了經絡實質的二重反射假說。這個假說認為，針灸穴位時，既可以透過局部組織損傷所釋放出的化學物質，作用於游離神經末梢，引起局部的短反射，也可透過中樞神經系統產生反射效果（即長反射）。這和石川父子的向心性神經二重支配法則的想法是一致的，但是更具體地談到外部刺刺激化神經的機制。

安徽中醫學院經絡研究所的周逸平（1932 年出生）則更具體地提出大腦邊緣系統－下視丘－自主神經系統與經絡現象的關係。這個假說包括了神經系統的不同層次在體表－內臟聯繫中的作用，是一個比較全面的理論。在他和王富春主編的《經絡 臟腑 相關理論與臨床》一書中就明確提到，「神經系統無疑在針灸訊息的傳入、整合、傳出中具有重要的意義。闡述經脈與神經系統的關係則是重中之重」，「從腦神經科學入手，深入研究經脈臟腑相關及其與腦聯繫將是一個正確、可行的方向和趨勢。」

即使如此，用神經系統的活動來解釋經絡現象，仍然有一些困難和不完全處。神經反射一般是很快的，手摸到燙的東西會立即縮回就是一個例子；而針灸的反應一般比較慢，而且常常有一個滯後期，循經感傳的速度也大大慢於神經傳遞的速度。神經假說也必須回答經絡現象中的雙向傳導問題，穴位的低阻抗高鈣離子現象等等。如果沿經脈線的形態學結構並不存在，那又如何解釋各種循經現象？ 另外，是哪種神經纖維與經絡現象直接有關，是什麼神經受體直接接受各式各樣的對穴位的刺激，並將它們轉化成為神經信號，都還沒有闡明。

對解釋經絡現象的理論的要求

隨著近年來生命科學的長足進展，目前已經有新的知識可以用來更好地解釋經絡現象。在我們具體介紹這些知識，並系統地解釋經絡現象之前，有必要先列出必須解釋的經絡現象，這些現象也可以用來檢驗以往提出的其他的經絡理論。

（1）信號傳遞的雙向性。從皮膚來的信號可以傳至內臟。反過來，從內臟來的信號也可以傳至體表。

（2）體表與內臟的對應性。某一穴位與其有治療效果的內臟之間有對應關係。反過來，內臟病變與發生反應的皮膚區域之間也有對應性。

（3）效應的滯後性。從刺激穴位到治療效果出現，或從刺激內臟到皮膚反應，一般不是立即出現的。針灸效應也可以持續數小時、數天甚至數月。

（4）線性特徵。無論是同類穴位的排列，還是循經感傳路線，都有一定程度的線性特徵。

（5）刺激強度要求。針灸和類似的方法（如刮痧、拔罐、推拿）治病，都需要達到相當的強度，甚至是局部傷害的程度，才有效果。

（6）刺激的多樣性。針灸、艾灸、推拿、刮痧、拔火罐、電流刺激和雷射刺激，都能激發經絡效應。因此必須有同時能接收物理刺激，組織傷害，溫度變化，電流變化等外界刺激的機制。

（7）解釋「得氣」現象。即針灸穴位時產生的鈍痛、酸、脹、麻等感覺，並且得氣的感覺還隨人變化，隨病變化，隨穴位變化。

（8）解釋循經感傳現象。包括循經感傳的慢速度和速度變化。

（9）解釋循經性皮膚病。為何在對應的皮膚上會出現紅斑，皮下出血等現象。

（10）解釋穴位的低電阻。電阻隨內臟病變情形改變的現象。

（11）解釋沿經脈的高溫和高發光現象。

（12）解釋穴位處的高鈣離子濃度。其濃度隨內臟病變情形改變的現象。解釋為何用 EDTA 絡合鈣離子後，針灸效應消失。

（13）解釋為什麼穴位除與神經末梢有密切關係外，還和筋膜組織有密切關係。

還可以列出一些，但以上諸點是最主要的。如果一種假說能夠解釋所有這些現象，那就是一種有希望的、值得考慮的假說，這在過去是很困難的。而隨著科學技術的進步，現在已經有可能做到這一點，這將是下一節的內容。

11.3 理解經絡現象所需要的現代科學知識

在 11.2 節中，我們談到經絡研究中的兩種基本思路，一種是沿著經脈路線去尋找物質結構。在這種思路指導下，數十年來大規模有組織的研究並沒有產生突破性的結果，而且在現今技術非常發達的情況下，還有未被發現的組織結構的可能性不大。

另一個是跳出傳統經絡的概念，用神經系統與身體各部分的聯繫方式、工作特點，以及神經系統所控制的各種動器（包括內分泌系統）來解釋經絡現象。這個思路得到越來越多的證據的支持，對於經絡現象的解釋也逐漸趨於完善。本文將用後一種思路來解釋經絡現象。

近年來，與經絡現象有關的神經學研究及受體研究取得了不少成果，對於經絡現象的理解很有幫助。在具體解釋各種經絡現象之前，我們先對這些知識做一些介紹。

與經絡現象有關的知識及其意義

（1） 人身體的節段性（segmentation）

一說到身體的節段性，好像只是環節動物如蚯蚓、或節肢動物如蜈蚣一類動物的特徵。其實脊椎動物，包括人，身體也有節段性，這

是生物演化過程在人身上的殘留。

在人類胚胎發育的第三週，在神經管兩側的中胚層即分段形成體節（somite），到第五週末形成 42～44 對體節。這些體節從胚胎表面即能分辨，看上去像神經管兩側的兩串珠子。每一個體節單位後來分化出三個區域，分別叫做生皮節（dermatome）、肌節（myotome）和生骨節（sclerotome）。之後它們分別發育成真皮、骨骼肌和中軸骨骼，包括脊椎。在成人身上，它們仍然保留有體節帶來的節段性。

脊椎明顯分段，位於脊椎之內的脊髓的節段性，可以從脊髓發出的神經束的數量得出。每一個脊髓節段向左右兩個方向各發出兩條神經束，靠近背面的一對叫做背根，位於腹面的叫做前根。它們合併成為脊髓神經束，從椎間孔穿出，再分支與對應的皮膚，肌肉和內臟聯繫。

人體一共有 31 對脊髓神經束，對應於 31 個神經節段。它們被分為 8 個頸段（C_1～C_8，C 指 cervical），12 個胸段（T_1～T_{12}，T 指 thoracic），5 個腰段（L_1～L_5，L 指 lumbar）和 5 個骶段（S_1～S_5，S 指 sacral），再加 1 個尾節（coccygeal segment）。

與各個脊髓節段相聯繫的皮膚區域稱為皮膚節段（dermatome）。從頭到腳，皮膚節段依次與脊髓節段相聯繫。每個皮膚節段主要與一個脊髓節段聯繫，並以該脊髓節段的編號命名。比如 C_6 皮膚節段就主要和脊髓節段中的第 6 頸段相聯繫。

皮膚節段多呈長條狀，在四肢基本上與長軸平行，一個皮膚條帶幾乎縱向走完上肢或下肢的全程。而在軀幹部分，條帶則為橫向。

這種縱向和橫向的皮膚條帶看起來有些奇怪：為何不全是縱向或

橫向？但是如果把人的姿勢恢復到直立行走之前（四肢垂直向下），那這些皮膚節段的走向就清楚了：基本上全是豎直方向的條帶，好像人身上被投影了條紋布。這才是人在長時期演化過程中皮膚節段的實際情形，和其他動物如家兔和狗的情形非常相似。甚至兩棲類動物如青蛙都有類似的皮膚節段分布（見石川父子的研究結果）。人雖然後來直立了，但從生物演化的角度來看時間太短，還來不及改變皮膚條帶的分布情形。看似連續無縫的皮膚，其實在神經聯繫上是分成長條的，而且彼此平行。這是人體結構仍然保留有節段性的最有力的證據。

與此相似，與不同脊髓節段相聯繫的內臟叫做內臟節（viscerotome）。但是由於內臟在發育過程中變化很大，位置變遷，節段聯繫也有變化。一個內臟器官常與多個脊髓節段聯繫，而同一脊髓節段又和多個內臟器官聯繫。但不同內臟的神經聯繫範圍不同。比如支配心臟的脊髓節段為 $T_1 \sim T_5$，而支配肝臟的脊髓節段為 $T_7 \sim T_9$。

既然同一個脊髓節段能同時與皮膚和內臟相聯繫，來自皮膚和內臟的神經信號就有可能在這個神經節段裡交匯和相互影響。這是許多經絡現象的神經學基礎之一。在四肢，皮膚節段的縱向長條形對於解釋循經現象也具有重要意義。

（2）感覺神經纖維的雙向傳導性

經絡現象的一個重要特徵，就是信號傳遞的雙向性。皮膚受刺激的信號可以傳至內臟，內臟病變的信號也可以傳至皮膚。這就需要一個神經學的解釋。

許多中樞神經系統的細胞是多極的（multipolar neuron），由

細胞體發出多根神經纖維。其中許多是樹突，接收各種信號。只有一根是軸突，傳出神經信號。無論是樹突還是軸突，信號的傳遞在這些細胞中都是單向的。由於多數神經細胞都是這種類型，它們給人以神經傳導只能是單向的概念。

但是感覺神經細胞不同，它們沒有樹突。從細胞體發出一個凸起，在離細胞不遠處呈 T 型，分為兩支，一支通向皮膚或內臟器官，接受從這些地方來的感覺信號；另一支通向脊髓，把來自皮膚和內臟的信號輸送到脊髓的背角。由於這類神經細胞只發出一個突起，又很快分為兩支，所以被叫做假單極神經元（pseudounipolar neuron）。

由於這兩個分支在本質上都是軸突，由神經細胞發出的單個突起分支而成，兩個分支可以看作是基本對稱的，所以信號傳輸的方向也可以反過來。

在皮下注射組織胺或 5- 羥色胺，在注射位置周圍的皮膚會出現毛細血管擴張、組織液滲出、皮膚潮紅、蕁麻疹樣突起等炎症反應現象。切斷細胞體和皮膚之間的神經纖維，這些現象就不出現，而切斷細胞體和脊髓之間的神經纖維，則對這些現象的出現無影響，說明這些皮膚反應不是注射的化學物質向皮膚表面擴散引起的，而是這些化學物質刺激了感覺神經纖維，神經信號反向傳遞到皮膚表面，釋放出化學物質，引起炎症反應。直接刺激感覺神經也能在其負責感覺的皮膚區域引起血管擴張，組織液滲出等反應。

這些實驗結果表明，感覺神經纖維是可以反向傳遞神經信號的，也就是可以雙向傳遞神經信號。

感覺神經元位於脊髓發出的背根內。它們的細胞體聚在一起，

形成後跟的膨大部分，叫做背根神經節（dorsal root ganglion，DRG），又叫脊神經節（見前文「脊髓神經的參考連結」）。由於皮膚和內臟的感覺神經元都位於背根內，同一神經節段的皮膚和內臟的感覺神經元就因彼此靠近而相互影響。這種影響傳至內臟，就是針灸的治療效果，影響傳至皮膚，就能引起皮膚疾病（發炎反應）。

（3）與經絡現象有關的神經纖維

神經細胞不但有單極多極之分，神經纖維也有不同的類型。有的信號需要快速傳遞，反應時間越短越好，比如和動物逃生或避險有直接關係的信號。有些信號需要較慢但持久地傳遞，比如發炎和內臟的疼痛。那麼哪一種神經纖維和經絡現象有最密切的關係呢？

神經纖維傳遞信號的速度與纖維的直徑有關。直徑越大，傳輸速度越快。但是大口徑的神經纖維太多也會增加神經系統的體積，增加神經元之間的距離，使整體神經活動變慢。所以不需要高速傳遞的信號就由比較細的神經纖維來輸送。

神經纖維也可以根據纖維外面有沒有髓鞘包裹，分為有鞘纖維和無鞘纖維。髓鞘由許旺細胞（Schwann's Cell）包裹神經纖維而成。它們對電信號絕緣，可以提高神經電脈衝的傳輸速度。無髓鞘的神經纖維則傳遞信號較慢。

如果按傳導速度來分類，可將神經纖維分為 A、B、C 三類。其中感覺神經纖維有 Aα、Aβ、Aδ 和 C 纖維四種，B- 纖維則是通向內臟神經節的神經纖維。A- 類和 B- 類的神經纖維都是有鞘纖維，C- 纖維為無鞘纖維。Aα- 神經纖維最粗，又有髓鞘包裹，傳輸速度最高，可達每秒 80 ～ 120 公尺，和快速肌肉反應有關。Aβ- 纖維的直徑要小一些，傳輸速度每秒 35 ～ 75 公尺，主要傳輸觸覺、按壓、振動、

質地等非傷害性的皮膚感覺。

Aδ 是 A 類纖維中直徑最小的，髓鞘也最薄。傳遞速度每秒 5～35 公尺。C- 纖維是所有感覺纖維中直徑最小的，而且沒有髓鞘，是裸露的神經纖維，傳遞速度只有每秒 0.5～2.0 公尺。這兩種感覺纖維都能感受痛覺，燙、冷等多種傷害性感覺。但是這兩種纖維傳輸的性質不同。Aδ- 纖維覆蓋的感覺區域小（即密度比較大），傳輸速度比 C- 纖維快，主要快速傳輸定位精確的尖銳疼痛感。C- 纖維覆蓋的感覺區域大（即密度比較小），傳輸速度慢，主要傳輸位置模糊的鈍痛感覺。

如果根據纖維直徑的大小來劃分，可以分為 Ⅰ、Ⅱ、Ⅲ、Ⅳ四類。Ⅰ類相當於 Aα 類，Ⅱ類相當於 Aβ 類，Ⅲ類相當於 Aδ 類，Ⅳ類相當於 C類。其纖維直徑分別為13～20微米，6～12微米，1.4～5 微米和 0.2～1.5 微米。在相關經絡的文獻中，這兩種分類方法都被使用。

對針灸效應的研究發現，Aδ- 纖維傳輸的尖銳痛感和「得氣」的形成無關，也不具有治療效果。由 C- 纖維傳遞的鈍痛和酸脹感才是「得氣」的主要成分，也和針灸的療效有關。因此和針灸治病效果關係最為密切的神經纖維應該是 C- 纖維。不過在針灸鎮痛中，由 Aα 和 Aβ 傳遞的非傷害性刺激信號對於痛覺信號有抑制作用，與針灸治療其他疾病所涉及的神經纖維有所區別。

C- 纖維除了在上皮組織之外，還在皮下組織以及內臟和血管表面廣泛存在。C- 纖維在皮膚和內臟，血管表面分支，形成裸露的神經末梢。它們的密度不大，感覺定位比較模糊。這種分布形成了 C- 纖維傳遞內臟和穴位信號的物質基礎。與 A 類神經纖維不同，C- 纖

維的興奮閾值比較高,也就是不容易被刺激。這就是為什麼針灸和類似方法的治療中,必須有足夠強度和時間的刺激才能奏效的原因。

(4) 與經絡現象有關的分子感受器

刺激穴位的方法有多種,比如針灸、艾灸、刮痧、拔罐、雷射和推拿。這些方法對於穴位的刺激方式不同。比如針灸、刮痧和推拿會造成物理刺激;艾灸和雷射會造成溫度變化;針灸,刮痧(一般到皮下出血)和拔罐(一般也要到皮下出淤血)以及重壓會造成局部組織傷害,釋放出各種化學物質;而電針則是直接引入電位變化。作為針灸治療的第一步,C- 神經纖維上的分子感受器必須能感受所有這些形式的刺激,並將其轉換為神經信號。現在人們只是說接收這些刺激的神經末梢是多功能的(polydomal),但是沒有說明神經纖維上的分子感受器到底是什麼。

皮膚內的許多感受器,功能各有不同。如環層小體(lamellar corpuscle,又稱帕西尼小體 Pacinian corpuscle)感受物體的光滑度和皮膚的快速變形;梅斯納小體(Meissner's corpuscle)感受輕微觸摸;魯菲尼小體(Ruffini endings)感受持續的壓力;克氏終球(Krause's end bulb)感知低頻振動等等。但是它們感受的都是比較輕微的,非傷害性的刺激,而且敏感度很高(活化閾低)。它們距離皮膚表面比較近,而穴位常位於皮下數毫米到數十毫米。它們多由 Aβ 神經纖維傳遞感覺訊息。從這些特徵來看,它們不太可能與經絡現象有關。

C- 纖維上的有些受體可以被組織傷害所釋放出的氫離子刺激,比如對酸敏感的離子通道(acid-sensing ion channels,ASICs)。但它們的功能單一,不足以說明 C- 纖維接收信號的多功能性。能夠

同時感受針灸等治療中的各種局部傷害性刺激，包括機械力、溫度、化學和電位刺激的分子感受器，應該是瞬時受體電位（transient receptor potential ion channels，TRP）離子通道。

TRP 離子通道在 C- 神經纖維上有表達，而且在穴位處一些 TRP 離子通道的表達程度比周圍組織為高。針灸還能進一步增加這些 TRP 離子通道的表達程度。這些事實也符合 C- 纖維在經絡現象中起主要作用的想法。

TRP 離子通道最先是從果蠅的一個突變體上發現。正常的果蠅在受連續光刺激時會發出持續的神經信號，而這個突變體卻只能發出很短暫的神經信號。研究發現，突變的是一種細胞表面受體，為一類離子通道，因此這類蛋白質就叫做瞬時受體電位（TRP）離子通道。後來，類似的通道在所有的動物身上都有發現，種類超過三十個。

但是這個名稱有一個缺點。瞬時受體電位，本來是果蠅身體上的一個突變體表現出來的性質，用它來做這類離子通道的名稱，會使人誤以為正常的離子通道也會產生瞬時電位變化。為了避免這個缺點，我們以後不再用瞬時受體電位這樣的用語，而只稱之為 TRP 離子通道。這樣既保留了英文縮寫中原來的意義，與國際上的稱呼保持一致，又避免了原來全名的翻譯所能引起的誤解。

這類離子通道的共同特徵是，它們位於細胞表面的細胞膜上，都含有六個跨膜區段（trans-membrane domain，TMD），而且它們的兩端（氨基端和羧基端）都位於細胞內。TRP 蛋白質形成四聚體，由 TMD5 和 TMD6 圍成離子通道，所以每個通道由八個跨膜區段組成。這些通道在平時是關閉的，但能被各種達到一定強度的刺激打開，讓陽離子進入細胞。陽離子的進入會改變細胞膜兩邊的電位

差，在神經細胞上觸發神經電信號。它們對於陽離子的選擇性不高，可以讓鈣、鈉、鉀等離子進入細胞，但不同類型的 TRP 離子通道對這些離子的偏好不同。

人身上的 TRP 離子通道有二十八種，分為六個大類，分別是 TRPC、TRPV、TRPA、TRPM、TRPP 和 TRPML。其中對於針灸效應關係最為密切的應該是 TRPV1（V 代表類香草素 vanilloid）和 TRPA1（A 代表錨定蛋白 ankyrin）。

TRPV1 可以感受機械力刺激所造成的細胞膜擾動，可以被組織傷害時釋放出來的物質如氫離子所活化（pH< 5.2 時），也能被 43℃以上的溫度活化。TRPV1 也對電位變化敏感，因此也可以被電針傳入的電流所活化。它還能被化學物質如辣椒素（capsaisin，辣椒中引起辣感覺的物質，）所刺激（所以燙和辣是由同一種受體感受的）。因此，TRPV1 是真正的多功能受體，可以接收針灸和相關治療中的各種刺激。

TRPA1 常表達於含有 TRPV1 的 C- 纖維中，與 TRPV1 之間有協同作用。它也可以感受機械力的擾動，還可以被組織傷害所釋放出的緩激肽（bradykinin）刺激，因此很可能與 TRPV1 一起，在接收針灸刺激中起重要作用。除此以外，還有感受更高和更低溫度的 TRP 受體。比如 TRPV2 在 52℃時被刺激，TRPM2 在溫度低於 25℃時被刺激。如此，各種對於穴位的刺激都能被這些 TRP 離子通道感受到，被轉換為神經信號。因此，TRP 離子通道應該是 C- 纖維上直接接收各種穴位刺激的主要分子感受器。

有許多皮膚內和皮下的 TRP 離子通道是處於睡眠狀態的，稱為靜默的 TRP（silent TRP）。它們在炎症反應環境中被刺激，反應閾

降低，使得平時輕微的刺激也會產生痛覺。比如皮膚被曬傷後，輕微的觸摸也會感到疼痛。傷口周圍紅腫的部分也會因觸摸而產生痛覺。這可以解釋壓痛點和轉移痛的產生。對穴位長時間的刺激也會刺激這些靜默的 TRP 離子通道，在針灸結束後仍然發出信號。這可以部分解釋針灸效應的長久性。

（5） 肽類神經傳導物質

針灸治療的一個顯著特點就是療效出現緩慢，需要對穴位進行比較長時間的反覆刺激。循經感傳的速度也很慢，在每秒幾公分到幾十公分，低於最慢的 C- 神經纖維的傳導速度。這也需要一個解釋。

神經元之間傳遞訊息的主要方式是透過突觸（synapse，不要和軸突神經纖維相混）。突觸是軸突分支末端與其他神經元的接觸處。突觸和與其接觸的神經元之間有一個很小的縫隙。當神經信號到達突觸時，突觸釋放化學物質（稱為神經傳導物質）到這個縫隙中。這些化學物質很快擴散過縫隙，與下一級神經元表面的細胞膜上的受體結合，把信號傳遞下去。

對於小分子神經傳導物質如乙醯膽鹼，這個過程非常快，在毫秒範圍內。縫隙中的神經傳導物質很快被突觸重新吸收，所以這些小分子神經傳導物質的作用範圍不出突觸之外。信號傳遞途徑也很特異，就是從興奮的神經元透過突觸到下一個神經元，而不會傳導與之沒有突觸聯繫的神經元上去。這種快速特異的神經信號傳遞方式顯然與針灸治療的特點不合。

但是除了小分子的神經傳導物質外，C- 纖維還能釋放出分子量比較大的肽類神經傳導物質，如 P 物質（substance P，SP）和降鈣素基因相關肽（calcitonin gene-related peptide，CGRP）。P 物

質是由 11 個氨基酸線性相連組成的多肽分子，而 CGRP 則是由 37 個氨基酸相連而成。

突觸處小分子神經傳導物質的受體，一般就集中於突觸的對面，以接受這些神經傳導物質。與此相反，下一級神經元上對於肽類神經傳導物質的受體分布很廣，甚至不在突觸處。發送信號的神經細胞也沒有迅速回收肽類神經傳導物質的機制，因此這些神經傳遞物被釋放後可以擴散到周圍的神經元附近，活化沒有直接突觸聯繫的神經元。

由於相鄰神經元之間的這種信號傳遞是透過肽類神經傳導物質的擴散來實現的，速度自然比較慢，而且速度取決於釋放的這類神經傳導物質的多少。這可以解釋為什麼「氣感」的強弱與治療效果直接相關，循經感傳的速度也隨「氣感」強度變化。

除了作為神經傳導物質，P 物質和 CGRP 也是血管擴張劑。它們還能活化肥大細胞（mast cells），使其釋放出組織胺，進一步引起炎症反應。從內臟病變傳出的神經信號，可以透過神經交匯沿著對應皮膚的感覺纖維逆向傳向皮膚上的位點，釋放出 P 物質和 CGRP，活化肥大細胞，引起各種皮膚病變。

由於信號傳遞是由神經傳導物質擴散而成，信號傳遞的路線不再是突觸聯繫那樣快速和特異，而是可以透過接力的方式達到緩慢的橫向傳遞。皮膚和內臟的感覺神經纖維在神經系統不同層次的交匯，看來並不是要建立彼此的突觸聯繫（如果是那樣信號傳遞就是瞬間的），而是把彼此帶到肽類神經傳導物質的擴散範圍以內，透過這些神經傳遞物的擴散來建立聯繫。這可能是皮膚和內臟之間透過神經系統來聯繫的主要方式。

當然除 P 物質和 CGRP 外，很可能還有其他的肽類神經傳導物

質在起類似的作用，比如和 P 物質同類的神經激肽（neurokinin）A 和 B。也許還有未被發現的其他肽類神經傳導物質，也透過擴散來活化臨近的神經元。分子不同，但基本機制一樣。

上面這些知識其實已經解釋了經絡現象的一些重要特點，下面我們將分步討論針灸治療過程中的信號傳遞過程。

針灸治療的信號接收段、交匯段和效應段

（1）信號接收段：「得氣」現象

針灸要達到治療效果，一個重要指標就是要在被刺激的穴位處產生特殊的感覺，叫做「得氣」。這是把各種刺激信號轉換為神經信號的關鍵步驟，是針灸療法的信號接收和轉換階段。

「得氣」，古稱「氣至」，近代稱為「針感」，是針灸入穴位後，透過撚、轉、提、插等手法，在針灸部位產生的酸、脹、麻、沉重等感覺的現象。在「得氣」的同時，施針者還會感覺到針下沉緊，阻力增大。不用針灸，掐和重按穴位也能產生類似的感覺，產生類似的治療效果。如果針灸只產生尖銳的疼痛，是達不到治療的效果的。

傳統的經絡理論認為，得氣是經絡的氣血集中在被針灸的穴位處的一種表現。疾病能在某些經絡中打亂氣血的運行規律，或使氣血運行量減少。透過針灸的方法使穴位得到振奮，發揮自我改善功能，使氣血向穴位處集聚，達到治病的效果。但是由於經脈結構不能被證明，這種學說也就沒有了物質基礎。

現代的研究表明，慢性鈍痛和酸感是「得氣」感中最常出現、也最代表「得氣」特徵的兩種感覺。而這兩種感覺都和 C- 纖維和 TRP

離子通道密切相關。C- 纖維傳遞的感覺就是鈍痛，而 TRP 離子通道能夠被組織傷害而釋放出的氫離子所刺激，產生酸感。因此，從現代的觀點看，「得氣」就是用各種方法，特別是透過局部組織傷害和反覆地刺激，來活化穴位上 C- 纖維上的 TRP 離子通道後產生的感覺。由於不同的 TRP 離子通道感覺的信號種類有差別，多種 TRP 離子通道被同時刺激可以產生感覺上有差別的「得氣」感覺。

除造成局部組織傷害（破壞其他非神經細胞）外，「得氣」也可能是傷害 C- 纖維本身的結果。這樣的傷害使 C- 纖維持續發出電脈衝，使中樞神經敏感化，增強針灸的效果。

但是要刺激穴位處 C- 纖維上的 TRP 通道卻非易事。C- 纖維末梢在穴位處的密度是比較低的。前面已經提到，維也納大學的解剖學教授 G.von Kellner 發現，穴區處神經末梢的密度平均，為每平方毫米 0.31 個受體，也就是每個神經受體的感覺面積為 3.2 平方毫米。雖然比其周圍組織神經末梢的密度（每平方毫米 0.16 個受體）高出近一倍。但是與皮膚表面每毫米幾十根神經纖維的密度相比，還是很低的。而且這些神經末梢還包括環層小體，梅斯納小體、魯非尼小體、克氏終球等神經受體。如果把這些受體除去，C- 纖維的游離神經末梢的密度就更低了。

這也許可以解釋，為什麼針灸師為了得到「得氣」的感覺，必須在大範圍內試探。針灸的深度根據不同穴位的深淺以及針灸方向不同而不同，如直刺可從 0.5 ～ 1.0 吋[*]，1.0 ～ 1.5 吋，甚至 2.5 ～ 3.0 吋，即上下變化可達 0.5 吋或更多。針灸的方向也要不斷變化，以尋找針感最強的部位。這些操作很可能就是在尋找 C- 纖維。

---

[*] 1 吋 = 3.33 公分。

　　而且就是刺中 C- 纖維附近的位置後，還必須用撚、轉、提、插等手法，使更多的細胞受到傷害，釋放出足夠多的炎症反應物質，以活化更多的 C- 纖維和處於休眠狀態的 TRP 離子通道。只有這樣才能形成足夠強度的神經信號，有效地影響對應內臟的感覺神經，達到治療的效果。這可能就是針灸治療有滯後期的原因。

　　除針灸外，用較高的溫度（艾灸）也能刺激 TRPV1 和 TRPV2，刮痧和拔罐都會造成微血管和一些細胞的破裂，捏掐和重力按壓也會造成局部組織損傷。和針灸造成的組織損傷一樣，用這些方法造成的組織損傷也會釋放出炎性物質。所以古人創建的各種刺激體表的方法，其實都是要達到同一個目的，即活化穴位處的 C- 纖維和它上面的 TRP 離子通道，而且要有足夠多的 C- 纖維被活化。針灸師的傳統手法看似彼此不同，在神經纖維和分子受體上都統一起來了。

　　「得氣」時的滯針感，即轉針和提針時感覺阻力增加，是「得氣」的重要標誌之一。電子顯微鏡觀察發現，是膠原纖維在「得氣」時纏繞在針體上。膠原纖維在穴位以外的地方也廣泛存在，為何用針灸的手法不能使其纏繞於針上？就是刺中穴位後，沒有「得氣」的感覺也不會有滯針感。有可能是 C- 纖維被活化後所釋出的各種物質，改變了該區域膠原纖維的物理化學性質，使其更容易地纏繞在針上。所以滯針現象應該是 TRP 離子通道和 C- 纖維被活化後，帶來的一系列後果之一，即膠原纖維性質的變化，而不是針灸效果的原因。

　　(2)　信號交匯段

　　對穴位各種形式的刺激在轉換為神經信號後，體表和內臟之間的空間關係，就變成了與它們相連的神經細胞之間的空間關係。廣而言之，身體各個部分的信號傳入神經系統後，就被抽象化，變成了神經

路徑之間的關係，儘管是變形的、多層次的空間關係。由於神經細胞和神經路徑非常密集，原來彼此相隔很遠的身體部分，在神經路徑上卻能彼此接近。如此，神經信號就可以透過肽類神經傳導物質擴散的方式，橫向聯繫沒有直接突觸的神經細胞，造成不同神經路徑之間的相互影響。這就是經絡現象的中樞機制，即信號交匯段。

這樣的交匯場所可以在多處發生。來自穴位的神經纖維，除了與同一脊髓節段聯繫的內臟神經纖維交匯外，還可以跨節段聯繫。這些神經纖維進入脊髓時，可以不立即形成與其他神經元的聯繫，而是沿著一個上下方向的路徑叫做 Lissauer 氏後外側徑的（tract of Lissauer）上行和下行幾個脊髓節段，再和脊髓裡的神經元形成聯繫。如此，來自皮膚和內臟的信號就不只是在它們進入脊髓的節段內相互作用，而且還可以與從其他節段進入的感覺纖維相互作用。

不僅如此。感覺神經纖維把信號傳至脊髓後，還會透過下一級的神經元把信號傳至脊髓對側，再經過脊髓－視丘路線把信號傳至大腦，形成感覺。在此過程中，軀體部位的空間分布在一定程度上是被保留的。針灸皮膚時，我們能立即準確地知道被刺的部位，說明體表的空間關係在大腦中有對應的分布。在大腦中的軀體感覺區域（primary somatosensory area），人身體的部分各有對應的區間，畫出來像一個變形的人。這種情形和大腦的初級視覺中樞和眼睛的視網膜之間存在空間對應關係的情形相似。從皮膚到大腦，中間還要經過視丘。有人認為在視丘中也有類似的「矮人」存在。這些神經區域之間也可以透過多種方式彼此相互作用。

因此，身體各個部分之間，特別是體表和內臟之間，在神經系統內可以透過多個位置和多個層次彼此交匯。這就使得體表與體表、體

表與內臟、內臟與內臟之間的聯繫（即經絡現象）成為可能。

但是這些聯繫都發生在神經系統內部，也最難研究。有一些總體圖像，但是細節還很缺乏。比如在脊髓節段神經元之間的橫向聯繫，很可能是透過肽類神經傳導物質來實現；但是在更高層次，除肽類神經傳導物質的擴散外，也許也有透過突觸的直接聯繫。從穴位刺激到效應出現，其間的路線還不很清楚，中間的限速步驟也不得而知。因此，現在我們還不能完全從神經交匯的資料來解釋穴位和內臟的對應關係。用針灸治病，還要依靠傳統的經絡理論所總結的規律和經驗。

(3)　效應段

信號接收段和信號交匯段幾乎完全是神經系統活動。但是信號在傳到內臟的神經路徑後，對內臟的調節作用既可以是神經，也可以是其他途徑，就像神經系統用各種方式調節全身活動一樣。

針灸治療常會引起內分泌改變，而且這種改變無疑是達到針灸效果的重要途徑之一。胃酸分泌的改變、心率和血壓的調整，都與內分泌改變有關。針灸鎮痛也涉及內啡肽（endorphine）的釋放。

但是內分泌系統既沒有直接接收針灸刺激的受體，在信號傳遞的路線上也與經絡理論描述的路線不同。沒有神經系統首先接收刺激信號並進行信號交匯，內分泌系統就不能在針灸治療中有效發揮作用。這個系統的作用毋寧說是神經系統在針灸治療中的動器之一，而不是主導系統。因此，在這篇文章中，我們沒有對內分泌系統做詳細介紹。

對各種循經現象的解釋

我們已經解釋了許多經絡現象的重要特徵，如體表和內臟透過神經系統的聯繫，信號的雙向傳遞、滯後期，效應出現的緩慢，刺激的多樣性，對刺激強度的要求和針灸治療中信號傳遞的過程，等等。但是我們還沒有回答為什麼穴位處的物理化學性質與周圍組織不同，支持經脈存在的循經現象又該如何理解。下面我們就對這些現象進行解釋。

（1）循經感傳和循經性皮膚病

這兩種現象都被看成是經脈結構存在的主要證據，而且它們產生的機制也相似，所以合併在一起討論。

這兩種現象都主要發生在四肢。現在我們知道，四肢皮膚的神經聯繫有分節段。這些皮膚節段呈長條形分布，與四肢的長軸方向一致。上肢基本上可以分成 $C_5 \sim C_8$ 和 T_1 等條帶；下肢也可以基本上被分為 $L_2 \sim L_5$ 和 $S_1 \sim S_2$ 等條帶。在每個條帶內的皮膚位點，包括穴位，都主要和同一個脊髓節段相連，也就是它們的感覺神經都透過同一條背根神經束，包括背根神經節。

當用針灸皮膚節段中的一個穴位時，與那個穴位相連的神經元就會被刺激。如果被刺激的程度足夠大，這個神經元就會釋放出 P 物質和 CGRP。這兩種分子由於不能被神經元重新吸收，可以擴散到相鄰的神經元，使其活化。被活化的神經元會把信號傳至脊髓，再傳至大腦，使人感覺到與相鄰神經元對應的皮膚位點也被刺激了。

如果被活化的相鄰神經元足夠興奮，它自己也會釋放出 P 物質和 CGRP，再活化與它相鄰的神經元。這樣一級一級活化下去，每一

級都有信號傳至大腦，主觀上就會產生感覺傳遞的現象。由於同一皮膚節段的不同部分是在該皮膚節段內呈長條形排列的，它們在背根神經束中對應的神經纖維被依次活化時，我們就會覺得好像感覺是沿著縱向的路線在傳遞，使人產生循經感傳的印象。從這個觀點看來，在四肢，經脈的線性走向主要是皮膚節段為縱向長條這一事實的反映。

這種神經末梢依次活化的思想，早在 1980 年即由中國科學家張保真（1915—1999）提出，叫做軸索反射接力聯動假說。不過他的構想是一個神經元的興奮，可以沿著感覺纖維的分支（即通向皮膚的感覺神經纖維再分支，聯繫不同的皮膚位點）傳回皮膚，在那裡引起炎症反應，再興奮下一個鄰近的神經末梢。現在我們知道，P 物質和 CGRP 的受體並不止是在神經末梢，而是整個細胞表面都有，所以依次活化的過程不一定要在皮膚處發生（這樣還需要再分支的感覺纖維）。而且循經感傳也可以在沒有皮膚症狀的情況下發生，但是他依次活化的基本思想是正確的。

如果相鄰的神經元被活化的程度足夠強，興奮信號也可以沿感覺神經纖維反向傳遞到皮膚，在那裡釋放出 P 物質和 CGRP，活化肥大細胞，在循經路線上引起微血管擴張，組織液滲出，皮疹等現象。這就是針灸引起的循經性皮膚病。

同理，如果某個內臟生病，它發出的神經信號可以活化與其交匯的皮膚感覺纖維，再由皮膚感覺纖維反向傳至皮膚，引起炎症反應和壓痛點。被活化的皮膚感覺纖維還可以活化與它相鄰的同一皮膚節段的神經纖維，引起循經性皮膚病。

而在軀幹部分，由於皮膚節段是橫向的，循經感傳難以發生。主觀感覺上感傳路線常發生偏移，而且常常從一個經脈傳至另一個經

脈。這正是感覺沿著橫向的皮膚條帶傳遞的現象。在已經發表的脾經和肝經的路線圖中，經脈路線在軀幹部分就有兩種畫法。一種是沒有轉彎的，一種是橫向來回轉彎的。不轉彎的路線很可能是下肢皮膚條帶上的穴位與軀幹部分募穴（軀幹部分與內臟對應的穴位）的連線，而轉彎的則是包含了實際感覺的走向。已經發表的循經性皮膚病的照片，也多是限於四肢部分，而且和皮膚節段的走向相似。

由於 P 物質和 CGRP 的擴散不是單向的，表現在同一節段的皮膚條帶裡的感傳就是雙向的。刺激越強，這兩種物質釋放越多，相鄰神經元被依次活化的速度越快，造成循經感傳的速度隨感覺強度變化的印象。刺激減弱或停止，最遠的神經纖維最先失去活化狀態，主觀上好像是感覺在回縮。

如果在感傳的上游或下游施加壓力，就會活化 A- 神經纖維，透過控制門（gate）機制抑制相鄰神經元被活化，給人循經感傳能在經脈路線上被阻滯的印象。

由於循經感傳是在神經系統裡發生的過程在主觀感覺上的反映，感覺能越過張開的嘴唇和裂開的傷口的「奇怪」現象就不難理解了，因為兩片嘴唇和傷口兩邊的神經聯繫並沒有被破壞。

輸送到大腦的信號如果被多次重複，就會在大腦中留下記憶。這種大腦中的迴路可以在原先的刺激源不復存在時被刺激，產生感覺。一個例子就是幻痛（phantom pain），已經被截掉的上肢或下肢、或被切除的乳房，也會感覺到痛或癢。同樣，已經在大腦中建立的循經聯繫，也會由於各種原因（疾病、氣功等）被刺激，產生循經感傳的感覺，這種感覺甚至可以傳遞到已經不存在的肢體上。

從上所述，與循經感傳和循經性皮膚病有關的各種現象，都可以

用上面說的身體的節段性質，以及神經元透過肽類神經傳導物質的擴散依次活化的過程來解釋。因此，這兩種現象也就不能被用作經脈結構存在的證據。

（2）同位素循經遷移

這也是用來支持經絡結構實質存在的證據之一。與循經感傳類似，它只發生於四肢，到軀幹部分就散開。遷移的平均距離為 57 公分，短於上肢或下肢的長度。換句話說，就是在四肢，遷移也不能走完全程。而且在穴位的不同深度注射同位素，遷移的路線也不一樣。如果同位素真的是沿著經脈的路線遷移的，那遷移的原理應該是一樣的。為什麼在軀幹部分不是這樣？為什麼在同一穴位的不同深度會有不同的遷移路線？

這些現象基本上可以用四肢的結構特點來說明。四肢中的肌肉、腱、骨骼、血管、神經，都大體上成縱向分布，其間會形成許多縱向的空間。這些縱向的空間或通道，就是同位素擴散遷移的路徑。由於在四肢，經脈路線也是縱向的，這就容易形成同位素沿經脈遷移的印象。在軀幹部，這樣的縱向通道基本不存在，同位素的循經遷移也就看不見了。

（3）穴位處的高鈣離子濃度

多項研究表明，在穴位所在區域，鈣離子的濃度明顯高於周圍組織中的濃度。據不同的報導，濃度高數倍到數十倍。在用乙二胺四乙酸二鈉（EDTA）絡合鈣離子後，針灸穴位的治療效果就完全消失，說明鈣離子對於針灸的作用是絕對必須的。

由於鈣離子是細胞活動重要的信使，參與許多重要的生理活動，如肌肉收縮、神經傳遞物的釋放、腺體的分泌、血液凝固、免疫反應

等，鈣離子在穴位處的富集現象，使人們對它的作用做各種猜測，但都難以確定。一些關於經脈實質的理論，比如筋膜傳遞遠紅外線的假說，也難以解釋為何這種光纖系統需要鈣離子。經絡為蛋白鏈的假說也有同樣的困難。

而如果 TRP 離子通道是針灸刺激的感受器，那穴位處需要鈣離子就是不言自明的事。TRP 離子通道的工作原理就是在外界刺激下通道打開，讓一些陽離子如鈣，鈉等進入細胞，改變神經纖維的膜電位，使纖維發出神經電脈衝。特別是香草素類型的 TRP 離子通道（TRPV），對於鈣離子的偏好遠高於其他離子。比如 TRPV1 對鈣離子和鈉離子的選擇性之比為 9：1。沒有鈣離子，TRPV1 就無法有效工作。這就解釋了為什麼絡合鈣離子能使針灸的效果完全消失。鈣離子對穴位的必要性也反過來說明，與針灸效應密切相關的感覺受體是 TRPV 型的離子通道。

（4）穴位處的低阻抗和高溫現象

穴位處的高離子濃度本身就是對導電能力有利的。在內臟狀況不佳的情況下，來自該內臟的信號能夠經過與該穴位聯繫的感覺纖維反向傳遞到該穴位上，增加那裡的致炎物質濃度。雖然這些物質的增加還沒有使炎症反應達到可以感覺到的程度，但是也會增加那裡的代謝速度，造成局部溫度升高，氧分壓下降和二氧化碳分壓上升。

（5）穴位與筋膜的關係

高傳聲、高導光現象，都與穴位處的筋膜結構有關。切斷筋膜，這些現象也就消失。但是這些現象都不能作為經脈存在的證明。還沒有證據表明生物體內的訊息傳遞是透過聲音或遠紅外光來實現的。但許多穴位的確位於或靠近筋膜組織，這似乎需要一個解釋。

　　一些 TRP 離子通道的工作原理，可以給這種聯繫提供一個解釋。為了感受針炙的機械力，TRP 離子通道的不同部分透過系絲分別固定在細胞內的細胞骨骼（cytoskeleton）和細胞外的結締組織上。如此，當細胞膜受到機械力的擾動時，TRP 離子通道就會被拉開，使陽離子進入細胞，產生動作電位。比如我們耳蝸裡聽覺細胞上的 TRPA1、TRPV4 和 TRPML3 很可能就是這樣工作的（見作者部落格的另一篇文章：〈聽覺探祕——從鞭毛、鼓膜、淋巴說到離子通道〉）。穴位靠近筋膜組織，也許是對針炙起反應的 TRP 離子通道需要固定在神經纖維外的膠原纖維上，或類似的纖維或膜結構上。如此，TRP 離子通道在受到機械力時，才能有效打開。

　　針炙醫生行針時的撚、轉、提、插等手法，除了造成局部組織傷害，以細胞破裂釋放出的物質刺激 TRP 離子通道外，還有可能是造成 C- 纖維和膠原纖維之間的相對位移，直接拉開一些 TRP 離子通道。

　　至此，我們已經解釋了第二部分中列出的全部十三項需要說明的經絡現象。過去使人感到神祕的經絡現象，隨著神經科學的進步，已經可以比較全面地得到解釋。也就是說，沒有經絡的概念，經絡現象一樣可以被理解，而且是用現代的科學知識來理解。因此，沒有必要再用主要精力去尋找經絡結構，而應該把注意力集中到與經絡現象有關的神經活動（包括受體和動器）上。

對經絡現象的幾點思考

(1) 什麼是經絡現象？

從我們以上的分析，經絡現象實質上就是「身體各個部分傳入的感覺信號，在神經系統中不同層次的交匯和相互影響」。信號一旦傳入神經系統，就被抽象化。原來皮膚與內臟的區別、心臟和小腸的區別，都消失不見了。剩下的只是傳遞這些信號的神經路徑和它們之間的空間關係，以及由這些空間關係帶來的神經路徑之間的相互影響。這些相互影響可以由神經系統本身傳到標的器官，也可以透過內分泌系統等多種途徑，對標的器官產生影響，再次具體化。但是，最初的信號接收和傳送是純神經性的，主要透過 C 類型的感覺神經纖維和它上面的 TRP 離子通道，信號之間的相互作用也主要是在神經系統內進行。

現在的問題是：神經元之間為什麼會有相互影響？ 從皮膚來的感覺信號，為什麼會與從內臟來的感覺信號相互作用？ 從經絡現象的特點（緩慢和有滯後期）來看，這種聯繫不是透過快速的突觸聯繫來實現，即不是經典的神經網路的聯繫方式，而是透過肽類神經傳導物質的擴散來實現的（也許還有其他的）「非經典」方式。

一種可能性是，這只是演化過程遺留下來的神經系統的不完善性。如果把傳遞電信號的神經纖維看成電線，那經絡現象就是「漏電」的結果，即一條神經纖維的電信號「漏」到另一條神經纖維上去。

說到漏電，我們會立即想到平行電線之間的相互作用。電荷流動會產生電磁波，為了掩蓋從平行電線來的電磁波的影響，在要求高音質的音響系統中，電纜的外面都要包一層金屬網。但是，神經纖維最

多只有對電絕緣的髓鞘包裹，外面並沒有一層掩蓋電磁波的金屬網。那相鄰的神經纖維之間，會不會透過電信號產生的電磁波相互影響呢？

這個問題早就有人探討過。在 1970 年發表於《生物物理雜誌》（Biophy.J.）上一篇題為〈神經纖維之間相互作用的數學研究〉（A Mathematical Study of Nerve Fiber Interaction）的文章中，美國的 Clark JW 和 Plonsey R 用數學方法詳細研究了神經束中神經纖維之間的相互作用。他們的結論是：神經纖維之間的間質的導電率是關鍵，而神經纖維之間的距離是次要的。由於這些間質能導電，它的作用相當於電纜外面的金屬層，所以神經纖維之間透過電磁波的相互影響很小，只在 1 毫伏特左右，約相當於神經纖維電脈衝強度的百分之一。

既然電磁波的影響可以忽略不計，那肽類神經傳導物質如 P 物質和 CGRP（也許還有其他大分子神經傳導物質）的擴散看來就是主要的「漏」訊息的機制。大腦中也有很高的 P 物質和 CGRP 的表達，說明這樣的機制在大腦中也能發生。如果這種「漏」是對生物不利的，那生物為什麼要保留這些擴散性的神經傳導物質？ 數億年的演化過程為什麼不消除它？

反過來的解釋是，這些「漏電」是神經元之間在突觸聯繫之外的另一種聯繫方式。這種方式是快速的突觸聯繫的補充，在突觸的縱向聯繫外加上橫向聯繫。身體各個部分之間跨系統的橫向聯繫，很可能就是透過神經路徑之間神經傳導物質的橫向擴散來實現的。這種聯繫把身體各個部分跨系統地聯繫起來，為生物的整體協調所必需。這種聯繫的表現之一就是經絡現象，可能還有經絡現象之外我們尚不了解

的作用。

　　但就是經絡現象的發現也非常寶貴，特別是在中國，古人在幾千年前發現了它，並充分地利用這種現象治療疾病，這就是已經有悠久歷史，並且現在得到世界承認並應用的針灸療法。

　　其實，對於經絡現象的應用並不限於針灸療法。中醫的經絡理論和臟象學說，其實就是用語言代碼對經絡現象的詳細總結。中醫所說的「整體觀」，其實就是這種透過神經路徑之間的橫向聯繫，表達的身體總體狀態。

　　針灸治療和中醫配藥治病依據的是同一個理論，只不過針灸只是對體表的位點（穴位）進行刺激，而中醫則透過藥物作用於體內的各個經脈，透過臟器與臟器、臟器與皮膚等關係，調節身體各個部分的功能。你要是看一下中藥學，就可以發現每種藥的作用不僅是活血、平肝等具體藥效，而是每一種中藥都按它所作用的經脈而「歸經」。比如柴胡歸肝經和膽經，澤瀉歸腎經和膀胱經，說明中醫用藥的原則和針灸治療一致，中藥在一定程度上相當於藥針。

　　(2)　「氣血」和「穴位」

　　既然沒有一個獨立運行的經絡系統，各種經絡現象可以用神經活動及其效應過程來解釋，那「氣血」的運行就沒有了物質基礎，有關「氣血」的概念也需要重新定義。

　　按照上面我們對經絡現象的解釋，氣血可以被理解為「與身體各個部分健康狀況對應的神經活動狀態」。與一個器官有關的神經活動正常和活躍，就是氣血充足；而過於活躍和過於不足，都是氣血不調。利用經絡理論治病，就是刺激體表位點所激發的信號，透過神經元之間的相互作用，來改變與病變內臟有關的神經活動的狀況，達到

調節內臟功能的效果。氣血在一天的十二個時辰中沿著十二條經脈循環的概念，也可以理解為在一天中的不同時段，機體血壓、內分泌、各種器官的功能狀態，都在按生物鐘不斷變化。這些變化受神經系統支配，那支配各個器官的神經活動的節律變化，也可以解釋成氣血的盛衰。

再說「穴位」。按照傳統的經絡理論，「穴位是人體臟腑經絡氣血輸注的特殊部位」，「它不是孤立於體表的點，而是與深部組織器官有密切聯繫，互相疏通的特殊部位」。換句話說，它是聯繫體表和內臟，透過氣血相互聯繫的位點。現在既然「氣血」的概念已經改變了，那「穴位」又是什麼？

神經系統的活動，透過複雜的路徑和結點來實現。在這些路徑上的一些點上，其他神經的活動可以施加正（增強）和負（減弱）的影響。這有些像電路板中有調節作用的電子元件，與這些調節點相對應的體表位置可能就是穴位，因為它們傳入的信號可以改變其他神經路徑的活動，如果運用得當，就可以用來治病。由於神經聯繫的節段性和更高等神經中樞對於體表和內臟聯繫的空間對應性，具有類似功能的穴位按線性排列，形成表觀上的經絡。而作用最強和使用最頻繁的穴位，就是那些特別能起調節作用的位點。

由於穴位是體表的對應位置上，對神經活動最具調節功能的神經位點，它們受感覺神經反向傳遞的影響也最大，表現為穴位處特殊的物理化學性質（如低阻抗和高鈣離子濃度）和對於內臟疾病狀況的反應（壓痛、皮疹等）。

而且同類穴位的連線不一定都是線性的。比如石川大刀雄（見11.2 節）測到的內臟疾病的體表反應點，就成片分布，像散彈槍打

出的彈痕，沒有明顯的線性趨勢。就是傳統的經絡理論中，也有許多不在經脈上的穴位，叫做經外奇穴。它們不在十四經脈上，但是有固定的位置、名稱和主治病症。由於神經活動是動態的，一些體表反應點還可以在任何地方出現。這就是阿是穴，它們是體表的壓痛點，但又不屬於任何有名稱和位置的穴位，醫生按壓到它時，患者會「阿」的叫一聲，因而得名。

我們平時所說的穴位，是指那些能夠用來治病的位點。但既然穴位是能夠對身體其他部位進行調節的位點，那它的作用就不一定都是正面的，而可能會有負面的作用，這就是所謂的「死穴」，如百會穴、尾閭穴、章門穴、啞門穴等。對這些穴位施加過重的刺激，會對身體有害。據報導，全身的「死穴」共有 108 個，其中不致死的穴為 72 個，致命為 36 個。所以體表刺激對於身體的作用各式各樣，從有利到有害，這才是對於穴位全面的認識。

(3) 經絡理論需要放棄嗎？

既然我們已經知道經絡現象的實質，並不是「氣血」沿著經脈路線運行的結果，而是神經信號之間的相互影響，那傳統的經絡理論是不是可以用神經活動的理論來代替呢？

從理論上說應該是這樣，但在實際上，這還不現實。原因就在於，神經系統是人體系統中最複雜、最難研究的。肝臟的體積和大腦差不多，但是裡面的肝細胞彼此相似，執行的是同樣的任務。肝臟邊緣的肝細胞和內部的肝細胞也沒有什麼區別。但是神經系統不同。它是掌管全身活動的地方，也是產生感覺和意識的地方。光是它和全身各部分的聯繫方式和其結構中各部分的名稱就夠讓人眼花撩亂了。為了使文章簡單，我們都盡量少介紹。神經系統的工作原理就更是超乎

想像的複雜。

人的大腦有一百多億個神經細胞，接近銀河系裡面恆星的數目。但一個幾斤重的大腦，其複雜程度遠遠超過銀河系。銀河系裡的星球之間基本上是透過重力相互作用，關係簡單，也可以用電腦模擬；但是在人的神經系統中，在不同結構和位置上的神經元會擔當不同的角色。大腦中每個神經元還能和其他神經元有上萬個聯繫，那就是一百兆個連接。

在這樣的複雜性面前，要弄清各個神經路徑的關係，具體說明經絡現象產生的細節，幾乎是一件不可能的事情。目前的研究基本上還是把神經系統當作黑盒子，從這裡輸入一個信號，看那裡出來的結果是什麼。當然也可以在粗線條上找出一些規律，比如脊髓的節段性，大腦不同區域在針灸治療中的作用，神經元之間非突觸的橫向聯繫方式，受體的種類和作用，動器的工作方式，等等。但是這些研究的層次和整個神經系統的複雜性相比，還是非常低等和初步的。

要更實際地體會一下神經系統工作的複雜性，我們再舉一個例子。低等動物線蟲（C.elegans）只有 302 個神經細胞。在這 302 個神經細胞之間，就有 5000 多個連接。比起人的神經系統來，這夠簡單了吧？原來有人以為，在這些聯繫的基礎上，用電腦模擬，就可以解開線蟲神經系統工作的祕密。這些聯繫早在二十年前就已經完全弄清，但是科學家至今仍然不知道這 302 個神經細胞是如何指揮和控制線蟲的活動的。再看看人的神經系統中的一百兆個連接，你覺得有希望嗎？

所以我們目前面臨的，是一個兩難的處境。一方面是經絡理論的神經機制已經被許多人認識到，但是從目前對於神經系統的知識水準

出發，還遠遠不能對經絡現象做出詳細具體的說明和預測。在另一方則是幾千年前形成的經絡理論。它使用的是語言代碼，用經絡的概念來理解身體各部分之間的聯繫。它對於臟腑的概念也是功能性的。它總結了各種經絡現象的大量資料，是目前世界上唯一的關於經絡現象的系統理論，也具有指導實踐的作用。但是它使用的語言代碼和功能概念使它難以和現代醫學接軌。

人的經脈，在一定程度上有些像太陽運行的黃道。本來是地球圍著太陽旋轉。但是在地球上的人看來，是太陽圍著地球旋轉。從地球上人的眼裡，太陽在一年十二個月中經過不同的星座。把太陽移過星座的軌跡畫出來，就是一條線，古人稱之為黃道，並且對它做了比較精確的計算。根據黃道理論，人們不僅可以解釋，也可以計算出一年中太陽在星座中的位置，所以也有可檢驗性和預見性，雖然黃道這條線實際上並不存在。

這是對同一自然現象從不同的角度進行觀察，得出不同的，然而都有實用性理論的例子。經絡現象也一樣。它是一個客觀的現象，不管東方人西方人都能發現它。由於發現的早晚和社會環境的不同，形成的理論也不一樣，但是都有實用性。不管刺激穴位的信號是沿著經脈傳到內臟上的，還是透過神經纖維之間的橫向聯繫傳過去，實際的效果一樣。

人類神經系統工作的複雜性，比起地球圍繞太陽旋轉來，不知複雜多少倍。我們想用神經系統的工作方式來取代傳統的經絡理論，但是在目前的情況下，這還是一個可望而不可即的目標。

那怎麼辦呢？看來在指導治病上，我們還得繼續使用仍然行之有效的、傳統的經絡理論。而且在長時期內，它對疾病治療的指導作

用還難以被取代。因為它反映的身體各部分之間的聯繫方式（比如肝臟和皮膚上的肝俞穴）仍然成立。用心經上的穴位治療與心臟有關的病症仍然有效。但是在科學研究上，就不能再以經絡概唸作為出發點，因為傳統經絡概念中的經脈和絡脈並不存在。科學研究就要以經絡現象的真實機制，即以神經為主導的活動作為出發點。

要把治病和研究統一起來，就需要在傳統經絡理論和現代醫學之間搭一個橋梁或建一個介面。就像數位電視和類比電視的信號不能兼容，用一個機上盒就可以轉換一樣，傳統經絡理論裡面的語言代碼也可以被「翻譯」成現代醫學的語言。比如把西醫生殖的概念換為中醫理論中腎的概念，把消化功能轉換為脾的概念，把沿著經脈的信號傳遞思想轉換為沿著神經路線的傳遞，就可以做到相互理解。

當然這不是一個容易的任務，需要邊研究，邊「翻譯」。但是我們沒有別的選擇，這是歷史造成的狀況，是人類認識自然（包括人自己）曲折過程的又一個例子，但人類就是這樣才能進步。

參考文獻

1.van Meer G，Voelker D R，Feigenson G W.Membrane lipids：where they are and how they behave［J］.National Review of Molecular and Cellular Biology，2008，9（2）：112-124.

2.Godefroit P，Cau A，Yu H D，et al.A Jurassic avian dinosaur from China resolves the early phylogenetic history of birds［J］.Nature，2013，498（7454）：359-362.

3.Al-hashimi N，Lafont A G，Delgado S，et al.The enamelin genes in lizard，crocodile，and frog and the pseudogene in chicken provide new insights on enamelin evolution in tetrapods［J］.Molecular Biology and Evolution，2010，27（9）：2078-2094.

4.Bygren L O，Tinghog P，Carstensen J，et al.Change in paternal grandmothers' early food supply influenced cardiovascular mortality of the female grandchildren［J］.BMC Genetics，2014（15）：12.

5.Dunn G A，Bale T L.Maternal high fat diet effect on third generation female body size via paternal lineage［J］.Endocrinology，2011，152（6）：2228-2236.

6.Daley J M，Kwon Y H，Niu HY，et al.Investigation of homologous recombination pathways and their regulation［J］.Yale Journal of Biology and Medicine，2013，86（4）：453-461.

7.Didelot X，Maiden M C.Impact of recombination on bacterial evolution［J］.Trends in Microbiology，2010，18（7）：315-322.

8.Han G Z，Woroby M.Homologous recombination in negative sense RNA viruses［J］.Viruses，2011，3（8）：1358-1373.

9.MorimotoY，ConroySM，OllberdingNJ，et al.Erythrocyte membrane fatty acid composition，serum lipids，and non-Hodgkin's lymphoma in a nested case-control study：The multiethnic cohort study ［J］.Cancer Causes Control，2012，23（10）：1693-1703.

10.Horandl E.A combinational theory for maintenance of sex ［J］.Heredity，2009，103（6）：445-457.

11.Angelopoulou R，Lavranos G，Manolakou P.Sex determination strategies in 2012：toward a common regulatory model？ ［J］.Reproductive Biology and Endocrinology，2012（10）：13.

12.Bujarski J J.Genetic recombination of plant-infecting messenger-sense RNA visuses：overview and research perspectives ［J］.Frontiers in Plant Science，2013（4）：68.

13.Dzik J M.The ancestry and cumulative evolution of immune reactions ［J］.Acta Biochim Pol，2010，57（4）：443-466.

14.Fox D.The Limits of Intelligence ［J］.Scientific American，2011，305（1）：36-43.

15.van den Heuvel M P，Stam C J，Kahn R S ，et al.Efficiency of Functional Brain Networks and Intellectual Performance ［J］.The Journal of Neuroscience，2009，29（23）：7619-7624.

16.Hochedlinger K.Your inner healers ［J］.Scientific American，2010，302（5）：46-53.

17.Kim D，Kim C H，Moon J I ，et al.Generation of human induced pluripotent stem cells by direct delivery of reprogramming proteins ［J］.Cell Stem Cell，2009，4（6）：472-476.

18.Mitalipov S，Wolf D.Totipotency，pluripotency，and nuclear

reprogramming［J］.Advances in Biochemical Engieering/
Biotechnology，2009（114）：185-199.

19. 周逸平，王富春．經絡·臟腑·相關理論與臨床［M］.北京：科學技術
文獻出版社，2010.